Welche Spinne ist das?

Baehr **Die bekanntesten Arten Mitteleuropas**

KOSMOS

Welche Spinne ist das?

Einführung

Als Biologe hat man überraschend häufig Anfragen wie die folgende zu beantworten: „Ich habe eine Spinne im Haus (oder Garten). Was kann ich dagegen tun? Ist sie gefährlich? Wie kann ich mich davor schützen?" Solche Anfragen deuten auf zweierlei hin:

> Der Stadtmensch steht den Spinnen mit einem Gemisch von Abscheu und Angst oder wenigstens mit großer Unsicherheit gegenüber.
> Die Entfremdung von der Natur und die Unkenntnis der Vorgänge in unserer Umwelt ist immer noch erschreckend groß, trotz der Ökologiebewegung und der Wiederentdeckung der Natur als schützenswertes Gut im Angesicht ihrer rapide zunehmenden Zerstörung.

Spinnen sind eine besonders verkannte Tiergruppe, gegen die der Mensch offenbar eine natürliche Abneigung besitzt, und dies schon seit alters her. Schon eine der Parzen, der griechischen Schicksalsgöttinnen, trug einen Spinnennamen – Arachne. Ist es die Giftigkeit und unbestreitbare Gefährlichkeit weniger – dazu meist außereuropäischer – Arten, auf denen unsere Furcht beruht, oder ist es die Angewohnheit der Weibchen einiger Arten, nach der Hochzeit ihre Männchen zu verzehren; die schnelle, vom menschlichen Auge kaum auflösbare Bewegungsweise der acht Beine; die im Gegensatz zu vielen Insekten stark behaarte Oberfläche; oder die tückische Art vieler Spinnen, ihre Beute mit Hilfe eines Netzes zu überlisten? Gleichviel, eine allgemeine Abneigung ist sicherlich vorhanden. Man sollte jedoch fragen,

ob diese begründet ist und wie sie überwunden werden kann.

Eine Antwort darauf versucht diese kleine Einführung in die Spinnenkunde zu geben. Und wie die Abneigung den Spinnen gegenüber überwunden werden kann, dafür steht dies Büchlein als Ganzes: Wer sich Spinnen in freier Natur vorurteilslos anschaut, ihr Verhalten beobachtet und sie als einen Teil der Natur, und zwar als nützlichen und wichtigen Teil zu sehen lernt, dem wird sich die Abneigung oder Furcht in Faszination verwandeln, angesichts einer enormen Formen- und Farbenvielfalt und einer Fülle von höchst interessanten Verhaltensweisen.

Zu diesem Buch
Der vorliegende Naturführer kann kein Bestimmungsbuch für alle in Mitteleuropa vorkommenden Spinnen sein. Dafür ist die Artenzahl viel zu groß. Außerdem sind sehr viele Spinnenarten nur für den Spezialisten nach jahrelanger Einarbeitung unterscheidbar. Das Buch möchte vielmehr dem interessierten Naturfreund anhand typischer einheimischer und einiger südeuropäischer Spinnen die faszinierende Welt der Spinnen(tiere) nahebringen.

Was ist eine Spinne?
Gemeinsam mit den Krebsen, Insekten und Tausendfüßern gehören die Spinnen zum Stamm der Gliederfüßer (Arthropoda), innerhalb derer sie zusammen mit Skorpionen, Bücherskorpionen, Weberknechten, Milben und einigen bei uns fehlenden anderen Gruppen die Klasse der Spinnentiere (Arachnida) bilden. Die echten Spinnen (Araneae) sind jedoch bei weitem die artenreichste Ordnung, denn wir kennen heute über 35 000 verschiedene Arten, und sehr viele

Körperbau einer Spinne (Kreuzspinne)

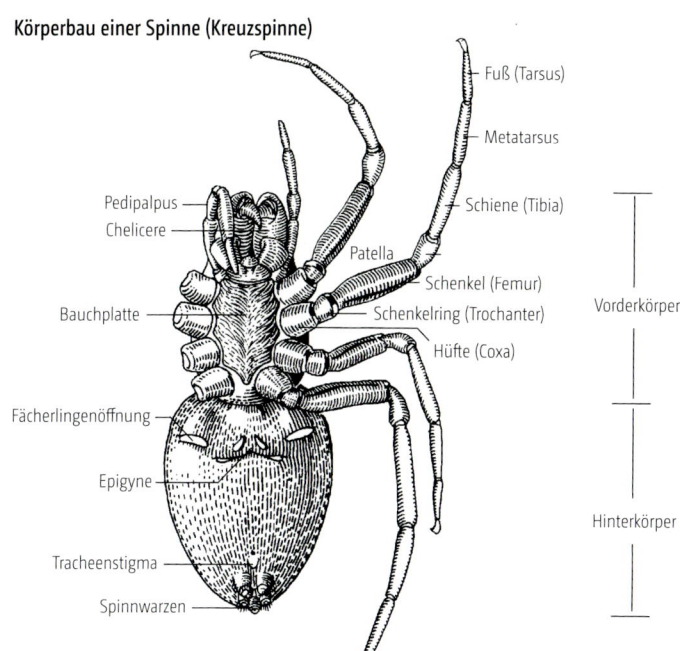

Fuß (Tarsus)

Metatarsus

Schiene (Tibia)

Pedipalpus

Chelicere

Patella

Schenkel (Femur)

Bauchplatte

Schenkelring (Trochanter)

Hüfte (Coxa)

Vorderkörper

Fächerlingenöffnung

Epigyne

Tracheenstigma

Spinnwarzen

Hinterkörper

weitere Arten sind noch unentdeckt. Aus Mitteleuropa sind bisher etwa 900 Arten bekannt, aber auch in unserem Gebiet werden immer wieder Neuentdeckungen gemacht und sogar neue Arten beschrieben.

Wie bei vielen anderen Kleintieren auch, ist der Formen- und Farbenreichtum der Spinnen in den Tropen um ein Vielfaches größer als bei uns. Der mitteleuropäischen Fauna fehlt nicht nur eine Reihe von Spinnenfamilien, sondern es fehlen vor allem die großen und – erfreulicherweise für uns – auch die gefährlichen Arten. Das heißt allerdings nicht, dass es in den Tropen nur große oder farbenprächtige oder gar gefährliche Spinnen gäbe. Nur

sind die Verhältnisse dort so günstig – konstant hohe Temperaturen, ausreichend Feuchtigkeit, dichte und außerordentlich nischenreiche Lebensräume –, dass manche Spinnen dort enorme Größen erreichen können.

Der wichtigste Unterschied zu Mitteleuropa ist jedoch die ungeheuer große Artenvielfalt in den Tropen und Subtropen. Doch damit nicht genug: Gerade in den Tropen gibt es eine Fülle von noch unbeschriebenen Arten zu entdecken, deren Zahl vermutlich in die Zehntausende geht. Dieser ungeheuren Arten- und Formenfülle steht allerdings eine beklagenswert geringe Kenntnis der Lebensweisen gegen-

Springsspinne *Aelurillus v-insignitus* mit ihren großen Mittelaugen

über. Wir können nur die enorme Verschiedenartigkeit der Biologie erahnen, seien es nun Strategien des Nahrungserwerbs oder der Partnerwahl oder der Einpassung in den Lebensraum.

Wie erkennt man eine Spinne bzw. wie unterscheidet man sie von den anderen Spinnentieren oder gar von den Insekten?

Spinnen sind achtbeinige Gliedertiere (im Gegensatz zu den sechsbeinigen Insekten), deren Körper in zwei Regionen, Vorderkörper (Prosoma) und Hinterkörper (Opisthosoma), gegliedert ist. Die Verbindung besteht aus einem dünnen Stiel, sodass der Hinterleib sehr beweglich ist. Am Vorderkörper sitzen die vier Paar Laufbeine, die Mundwerkzeuge und die sechs oder acht Einzelaugen. Der weichhäutige Hinterleib enthält die Atmungs-, Verdauungs- und Geschlechtsorgane

sowie die Spinndrüsen und Spinnwarzen. Bei den meisten anderen Spinnentieren stoßen dagegen Vorder- und Hinterkörper auf breiter Fläche aneinander.

Der Vorderkörper besitzt im Gegensatz zum Hinterleib einen ziemlich festen Chitinpanzer. Er trug ursprünglich sechs Paar Beine, von denen bei den Spinnen im Lauf der Stammesgeschichte die beiden vorderen Paare zu Mundwerkzeugen umgewandelt wurden. Das erste Paar, die Cheliceren oder Kiefer, sind die eigentlichen Mund- und Beißwerkzeuge. Ihr klauenförmiges Endglied ist gegen das Grundglied einschlagbar und trägt am Ende die Ausmündung der Giftdrüsen, die nur bei wenigen Spinnen fehlen. Man unterscheidet die urtümliche orthognathe Stellung mit parallel nach unten wirkenden Chelicerenfingern (bei den Vogelspinnenverwandten) und die modernere labidognathe Stellung, bei der die Cheliceren horizontal angeordnet sind und gegeneinander arbeiten (alle übrigen Spinnen). Hinter den Cheliceren sitzt der dünne Palpus, ein Tastorgan, das bei den Männchen vieler Arten kompliziert gestaltet ist und als Begattungsorgan dient.

Die vier Paar Laufbeine bestehen aus sieben Gliedern und tragen am Ende zwei oder drei Krallen und manchmal noch ein Haarbüschel (Scopula), das manchen Spinnen erlaubt, an absolut glatten Flächen herumzulaufen. Die gesamte Oberfläche der Beine ist außerdem mit langen Tasthaaren besetzt. Die sechs oder acht Einzelaugen sind in der Regel unterschiedlich gebaut und auch verschieden groß. Bei vielen tagaktiven Arten kann man Tag- und Nachtaugen unterscheiden. Im Allgemeinen sind die Augen wenig leistungsfähig und nur bei optisch jagenden Spinnen (z. B. den Springspinnen) zu gutem Bewegungs- und räumlichem Sehen befähigt. Ihre Anordnung ist oft für die Bestimmung wichtig.

Die Mundöffnung wird unten von der Unterlippe und seitlich von den Hüften der Palpen umschlossen. Die Nahrung wird im Mundvorraum durch Verdauungssäfte verflüssigt und mit Hilfe des muskulösen Saugmagens eingesaugt. Bei vielen Arten dient aber bereits das eingespritzte Gift dazu, das Nahrungstier aufzulösen.

Der Hinterleib der Spinnen ist recht weichhäutig und daher relativ dehnbar. Dies ist einmal für die Nahrungsaufnahme von Vorteil, denn es müssen meist sehr große Beutestücke verdaut werden. Andererseits können so die trächtigen Weibchen problemlos ihre zahlreichen Eier unterbringen. Der Hinterleib beherbergt vor allem die Fächerlungen und/oder röhrenförmigen Tracheen, den Enddarm, die Geschlechtsdrüsen und die Spinndrüsen. Fächerlungen und Spinnwarzen sind als stark veränderte Rudimente der bei den ältesten Vorfahren der Spinnen noch vorhandenen Hinterleibsbeine anzusehen.

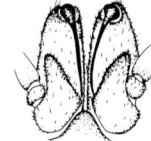

Orthognathe Cheliceren von *Atypus*

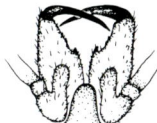

Labidognathe Cheliceren von *Dysdera*

Dysdera crocata: labidognathe Cheliceren

Atypus piceus: orthognathe Cheliceren

Verschiedene Augenstellungen

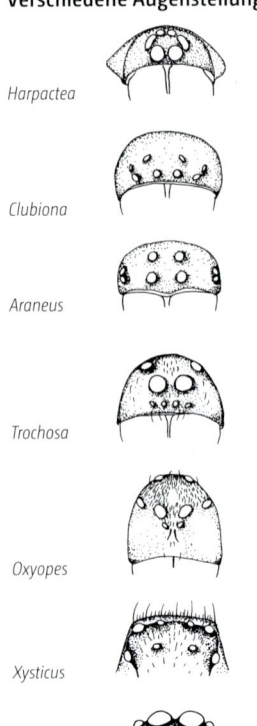

Harpactea

Clubiona

Araneus

Trochosa

Oxyopes

Xysticus

Salticus

Die Spinndrüsen sind bei jeder Spinne sehr vielgestaltig, und jede Drüsenart produziert einen unterschiedlichen Fadentyp, z. B. Klebefäden, Haltefäden, den Faden für den Eikokon und den Sicherheitsfaden, den viele Spinnen ständig hinter sich her ziehen. Die Ausmündung der Spinndrüsen liegt in den ursprünglich acht (vier Paare) Spinnwarzen. Das vordere Paar ist jedoch verschmolzen und entweder fast ganz reduziert oder zu einer breiten Spinnplatte (dem Cribellum) umgestaltet. Auch die übrigen sechs Spinnwarzen tragen am Ende eine feine Siebplatte, durch die die ungemein dünnen Fäden austreten.

Das Cribellum der Kräuselfadenspinnen ist mit zahlreichen winzigen Spinnspulen besetzt, die stark gekräuselte, äußerst feine Fäden produzieren. Diese werden mit einem kammförmigen Organ (dem Calamistrum) an den Hinterbeinen

Calamistrum von *Dictyna*

Epigyne von *Agyneta*

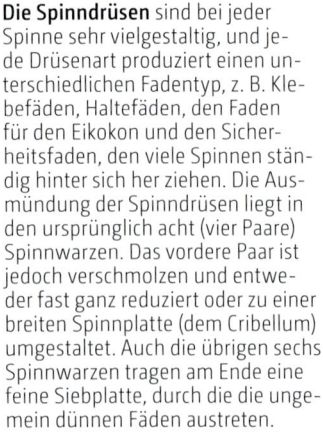

Palpus von *Erigone*

Harpactea rubicunda: Pedipalpen

Araneus diadematus: Fußkrallen

auf die normalen Fangfäden „gekämmt" und dienen dazu, das Opfer in das Gewirr feinster Kräuselfäden zu verwickeln. Die übrigen Spinnen besetzen ihre Fangfäden mit Klebetröpfchen.

Die Geschlechtsöffnung der Spinnen liegt zwischen den Öffnungen der Fächerlungen etwa in der Mitte der Unterseite. Bei den Weibchen der ursprünglichen Spinnen ist sie einfach, bei den höher entwickelten Arten dagegen vielfältig zur sogenannten Epigyne umgestaltet. Bei ihnen sorgen Chitinspangen in der Epigyne dafür, dass nur der Palpus von Männchen der gleichen Art in die Epigyne des Weibchens passt, wie ein Schlüssel ins Schloss. So wird die Paarung artfremder Spinnen verhindert. Beide Organe sind aus diesem Grund auch besonders gut als Bestimmungsmerkmale geeignet.

Netze und Netzbau

Das charakteristische Merkmal der Spinnen ist sicherlich ihr Netz. Allerdings besitzen nicht alle Spinnen Netze, und die Netze vieler Arten sehen ganz anders aus als die bekannten Radnetze der Kreuzspinne und ihrer Verwandten und werden auch nicht immer zum Beutefang benutzt. In Wirklichkeit ist z. B. das Netz der Kreuzspinne hoch spezialisiert und erst recht spät im Laufe der Stammesgeschichte entstanden.

Die ursprünglichsten „Netze" sind lediglich Wohngespinste in Erdhöhlen, unter Steinen oder zwischen Pflanzen. Dass ein derartiges Netz auch zum Beutefang eingesetzt werden kann, wurde erst später „entdeckt", und viele Spinnen tun dies auch heute noch nicht. Im Laufe der Stammesgeschichte haben sich wohl zunächst die Trichternetze vieler bodenlebender Spinnen, aber auch die unregelmäßigen, bodennahen Netze der Baldachinspinnen

Verschiedene Spinnwarzen

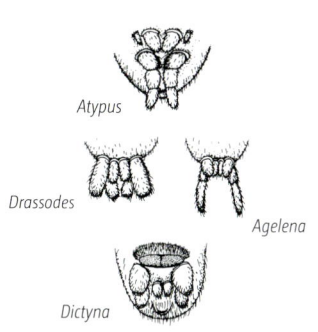

Atypus

Drassodes

Agelena

Dictyna

Amaurobius fenestralis: Cribellum

Amaurobius fenestralis: Calamistrum

Kreuzspinne *Araneus diadematus* in ihrem Radnetz

und Kugelspinnen entwickelt. Auch die Netze der Kräuselspinnen und mancher Kugelspinnen, in der Vegetation angelegt und schon etwas radnetzähnlich, besitzen bei weitem noch nicht die Vollkommenheit der echten Radnetze der Radnetzspinnen. Diese können vertikal oder horizontal ausgespannt sein, ein zickzackförmiges, wohl der Tarnung

Eingang der Röhre der Lochröhrenspinne *Filistata insidiatrix*

Einige typische Spinnennetze

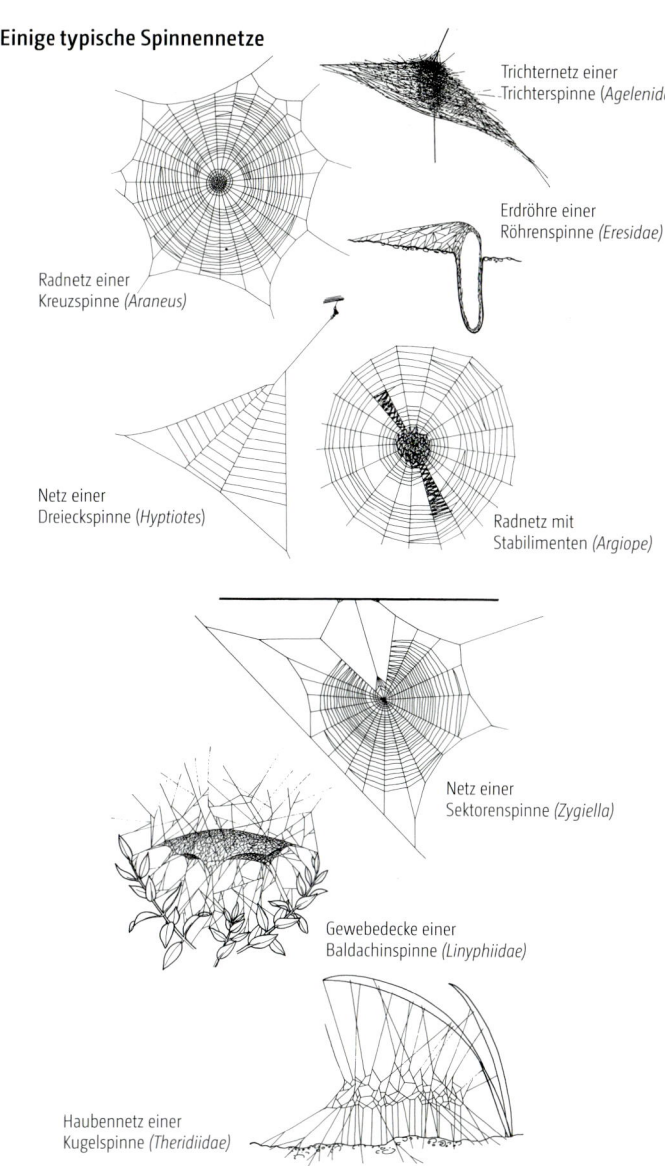

Trichternetz einer
Trichterspinne (Agelenidae)

Erdröhre einer
Röhrenspinne (Eresidae)

Radnetz einer
Kreuzspinne (Araneus)

Netz einer
Dreieckspinne (Hyptiotes)

Radnetz mit
Stabilimenten (Argiope)

Netz einer
Sektorenspinne (Zygiella)

Gewebedecke einer
Baldachinspinne (Linyphiidae)

Haubennetz einer
Kugelspinne (Theridiidae)

Netz der Baldachinspinne *Linyphia triangularis*

dienendes Stabiliment in der Mitte aufweisen; sie zeigen aber auch Fortentwicklungen und Auflösungserscheinungen.

Manchmal sitzt die Spinne in der Netzmitte (z. B. die Gartenkreuzspinne). Andere Arten haben ihren Schlupfwinkel in einer Ecke und erfahren über einen Signalfaden, was im Netz vorgeht. Sie sind die Vorläufer von Arten, die nur noch Netzsektoren herstellen und diese an einem Signalfaden halten. In tropischen Gebieten haben sich daraus noch eigenartigere Verhaltensweisen entwickelt: Die australischen Großaugenspinnen halten ein Netz zwischen ihren verlängerten vorderen Beinen. Wenn ein Beutetier vorbeifliegt, strecken sie die Beine blitzschnell aus und werfen gewissermaßen das Netz aus. Die Bolaspinnen lassen einen einzigen Faden mit einem Klebetropfen am Ende kreisen und verzehren anschließend alles, was sich am Faden gefangen hat. Andere zu den Radnetzspinnen gehörige Arten bauen überhaupt kein Netz mehr, sondern greifen ihre Beute mit den verlängerten, stark bedornten Vorderbeinen. Die zahlreichen frei jagenden oder lauernden Arten der Springspinnen, Wolfsspinnen und Krabbenspinnen haben ebenfalls sicherlich sekundär auf den Netzbau verzichtet. Sie benötigen ihre Spinnwarzen nur noch zum Spinnen des Eikokons, des Sicherheitsfadens und manchmal zum Auskleiden ihrer Wohnröhre oder des Schlupfwinkels.

Nahrung und Beutefang

Alle Spinnen ernähren sich ausschließlich von anderen Tieren. Die meisten Nahrungstiere stammen aus der Welt der Insekten. Besonders große Arten, etwa die heimische Wasserspinne *Argyroneta*

Vierfleck-Kreuzspinne *Araneus quadratus* mit eingesponnener Beute

oder die große Raubspinne *Dolomedes*, können aber durchaus auch kleine Fische und Kaulquappen bewältigen. Trotz ihres Namens und ihrer Größe ernähren sich die tropischen Vogelspinnen nicht von Vögeln, fangen aber durchaus kleine Säugetiere, Eidechsen und Frösche neben den verschiedensten Wirbellosen. In den Netzen der großen tropischen *Nephila*-Arten können sich allerdings Vögel fangen, denn die Netze sind so stabil, dass sie in Nordaustralien von den Eingeborenen zum Fischen verwendet wurden. Das sind jedoch Ausnahmen, die gegenüber der Insektennahrung der überwältigenden Mehrzahl der Spinnen nicht ins Gewicht fallen.

Die meisten Spinnen sind in ihrer Nahrungswahl ziemlich unspezifisch und fangen alles, was sie bewältigen können bzw. was sich in ihren Netzen fängt. Allerdings zeigen viele Arten vor zu großen Beutetieren so etwas wie „Furcht". Zu den mehr oder weniger strengen Spezialisten gehören etwa die Sechsaugenspinnen, die vor allem Asseln jagen; die ausschließlich Ameisen fressende Ameisenspinne; die große Bodenspinne *Eresus*, die es vermag, auch sehr hartschalige Käfer zu überwältigen; und die Arten der Gattung *Ero*, deren Spezialität andere Spinnen sind.

Da fast alle Spinnen gut ausgebildete Giftdrüsen haben, dient das Gift im Allgemeinen zum Töten der Beute. Arten, die sehr große oder wehrhafte Tiere erbeuten, wagen sich aber häufig nicht sogleich an diese heran, sondern spinnen sie erst ein und töten sie dann, oder beschießen diese, sehr schnell um sie herumlaufend, mit Spinnfäden und fesseln sie auf diese Weise. Nach dem Tod des Opfers wird es von vielen Arten mit den Cheliceren gewalkt und regelrecht zerknetet,

Springspinne *Salticus scenicus* mit erbeuteter Fliege

damit die Verflüssigung schneller vonstatten geht. Spinnen können ja mit ihrem Saugmagen nur flüssige Nahrung aufnehmen. Das Gift dient daher auch dazu, die Beutetiere vorzuverdauen, und besteht deshalb teilweise aus Verdauungsenzymen. Andere Arten sind wiederum in der Lage, ihre Beute ohne diese Behandlung auszusaugen. Der Zitterspinne z. B. genügt ein winziges Loch in einem Mückenbein, um die gesamte Mücke bis auf die Haut auszusaugen. Allerdings braucht die Spinne etwa 24 Stunden dafür und muss immer wieder Verdauungssaft in die Beute hineinpumpen.

Jagdspinne *Dolomedes fimbriatus* mit Beute

Paarung, Eiablage und Entwicklung

Die Paarung der Spinnen beginnt damit, dass das Männchen seinen Samen entweder in ein eigens dafür angelegtes Spermanetz abgibt und ihn dann mit seinem Taster aufsaugt, oder dass es das Tasterendglied direkt an die eigene Geschlechtsöffnung anlegt und mit Samen anfüllt. Der Taster muss dann bei der Paarung an die Geschlechtsöffnung oder Epigyne des Weibchens angelegt werden, damit die Befruchtung stattfinden kann.

Spinnen sind im Allgemeinen Einzelgänger und dazu sehr wehrhafte Tiere. Das meist kleinere Männchen muss sich vorsehen, dass es nicht schon vor der Paarung dem stärkeren Weibchen zum Opfer fällt. Es entstand daher bei den meisten Spinnenarten eine ritualisierte Balz, die dazu dient, das Weibchen zur Paarung geneigt zu machen, es mit einem „Brautgeschenk" abzulenken oder es mit Hilfe bestimmter optischer oder taktiler Signale ge-

wissermaßen zu hypnotisieren. Entsprechend der großen Artenvielfalt ist die Balz der Spinnen äußerst vielgestaltig und häufig sehr kompliziert. Ist die Paarung vollzogen, muss sich das Männchen meist recht schnell zurückziehen, weil unmittelbar darauf bei den Weibchen der meisten Arten der Jagdtrieb erwacht. Abweichend von der landläufigen Meinung werden aber nur bei wenigen Arten die Männchen nach der Paarung regelmäßig gefressen.

Im Verlauf der Paarung kriecht das Männchen unter die Bauchseite des Weibchens und führt meist einen, bei ursprünglichen Arten auch beide Taster in die weibliche Geschlechtsöffnung ein und verankert ihn an den Fortsätzen der Epigyne. In komplizierter Weise wird dann die in Ruhelage spiralig aufgerollte Spitze des Tasters entrollt, sodass sie tief ins Innere der weiblichen Samentaschen eindringen kann. Dann wird der Samen aus dem Taster entleert.

Nach einer gewissen Zeit der Entwicklung im Körper des Weibchens

Paarung der Speispinne *Scytodes thoracia*

Zebraspinne *Argiope bruennichi* beim Bau des Kokons

werden die Eier abgelegt. Dazu stellt das Weibchen in der Regel einen Kokon aus Spinnseide her, der die Eier von Feinden, Feuchtigkeit und Pilzbefall schützt. Häufig werden die Eikokons in der Vegetation aufgehängt oder im Wohngespinst befestigt. Manche Arten, z. B. die Wolfsspinnen, tragen den Kokon mit sich herum oder bewachen ihn. Nach dem Schlüpfen verteilen sich die Jungspinnen möglichst schnell, klettern in der Vegetation empor und lassen sich an einem Faden davon treiben. Wir kennen diese fliegenden Fäden mit den winzigen Spinnen, die meist übersehen werden, als Altweibersommer.

Einige Arten betreiben jedoch eine regelrechte Brutpflege: *Eresus* und *Coelotes* sowie manche Kugelspinnen füttern ihre Jungen sogar mit ausgewürgter Nahrung, bei manchen Arten dient schließlich sogar die Mutter den Jungspinnen als Fraß.

Wie alle Gliedertiere müssen sich die Spinnen regelmäßig häuten, wollen sie wachsen. Dabei reißt die alte Haut am Vorderkörper auf und die Spinne kriecht heraus. Die neue, bereits fertige Haut erstarrt sehr rasch nach der Häutung. Sie ist jedoch bei den heranwachsenden Spinnen viel geräumiger als die alte Haut, und die Spinne wächst sehr schnell in sie hinein. Bis zum Erreichen der Geschlechtsreife sind etwa 10–12 Häutungen notwendig.

Die Bedeutung der Spinnen im Haushalt der Natur

Wer jemals an einem warmen Frühsommer- oder Herbsttag eine Wacholderheide auf der Schwäbischen oder Fränkischen Alb, einen Trockenrasen in der Lüneburger Heide oder einen lichten Buchenwald aufmerksam beobachtet hat, wird über die Menge der am Boden herumlaufenden Spinnen erstaunt

Kokon von *Agroeca brunnea*

gewesen sein. Tatsächlich kann in solchen Lebensräumen der Boden von Wolfsspinnen geradezu übersät sein. Spinnen gehören daher bei uns zu den häufigsten Kleintieren. Da auch ihre Artenzahl vergleichsweise sehr hoch ist, sind die Spinnen zu den erfolgreichsten Gliedertieren zu rechnen und fehlen in keinem Lebensraum.

Infolge ihrer unterschiedlichen Größe, bei uns von weniger als 1 mm bis über 2 cm, der sehr verschiedenartigen Netztypen und der äußerst vielfältigen Verhaltensweisen können in jedem Lebensraum zahlreiche Spinnenarten nebeneinander existieren, ohne zu stark miteinander zu konkurrieren. Sie bilden eine wichtige Stufe in der Nahrungspyramide der Natur, die sich Stufe für Stufe

Weibchen der Wolfsspinne *Trochosa terricola* mit Eikokon

Jungtiere der Tapezierspinne *Atypus piceus* auf dem Kokon

über Konsumenten verschiedener Ordnung bis zum Endverbraucher aufbaut. Diese sind meist die großen Säugetiere oder Vögel und der Mensch. Bei uns nehmen viele Spinnen den obersten Rang eines Konsumenten unterhalb der kleinen Wirbeltiere ein, da sie durchweg andere Kleintiere verzehren. Auf dieser Stufe haben sie allerdings mit der starken Konkurrenz seitens anderer räuberischer Kleintiere zu kämpfen, vor allem mit Ameisen und gewissen räuberischen Käfern.

Untersuchungen ergaben, dass Spinnen auf der Fläche von einem Hektar Wald jährlich bis 100 kg Insekten verzehren, also viele hundert Millionen Individuen. Unter diesen befinden sich auch zahlreiche für den Menschen und seine Kulturpflanzen schädliche Arten. Unsere heimischen Spinnen können daher allgemein als außerordentlich wichtig für den Haushalt der Natur, aber auch als nützlich für uns angesehen werden und sollten, etwa im Rahmen der biologischen Schädlingskontrolle, besonderen Schutz genießen. Es sei nur am Rande angemerkt, dass auch die herbstlichen Spinnennetze an Fenstern und Türen sowie ihre Bewohner sehr nützlich sind. Das wird sofort klar, wenn man sich einmal die Mühe macht, nachzusehen, wie viele Stechmücken und Stubenfliegen sich in diesen Netzen fangen.

Weibchen der Wolfsspinne *Pardosa lugubris* mit Jungspinnen

Die Jagdspinne *Dolomedes fimbriatus* bewacht ihre Jungen

Höhlenkreuspinne *Meta menardi*
bei der Häutung

Wie gefährlich sind Spinnen?

Die Giftigkeit der Spinnen wird meistens arg übertrieben. Zwar besitzen die allermeisten Spinnen Giftdrüsen, deren Gift zum Töten der Beute ausreicht. Jedoch dient das Gift in erster Linie dem Nahrungserwerb, nicht aber der Abwehr von Feinden. Daher entspricht es in seiner Wirksamkeit den meist kleinen Beutetieren. Die meisten Spinnen sind überdies nicht imstande, mit ihren Cheliceren die menschliche Haut zu durchbohren. Daher bleibt der Biss fast aller heimischen Spinnen gänzlich folgenlos, und nur von wenigen Arten sind mäßige Vergiftungserscheinungen bekannt. Eine dieser Arten ist der in wenigen Gebieten Südwestdeutschlands lebende Dornfinger *Cheiracanthium punctorium*, dessen Biss lokale Schmerzen, Lähmungen und Schüttelfrost bewirken kann. Diese Erscheinungen gehen aber meist nach kurzer Zeit, längstens nach ein bis zwei Wochen zurück.

Auch in den Tropen ist die Zahl der wirklich gefährlichen Spinnen außerordentlich gering. Genannt werden müssen allerdings die in allen Kontinenten verbreiteten Schwarzen Witwen (*Latrodectus*), deren Bisse sehr schmerzhaft sind und tödlich sein können. Gefährliche und auch sehr aggressive Tiere sind die südamerikanischen Kammspinnen. *Ctenus nigriventer* (= *Phoneutria fera*), eine herumvagabundierende, jagende Art, kann den Menschen aus über 30 cm Entfernung anspringen und tödliche Bisse austeilen. Die großen Vogelspinnen sind dagegen überwiegend harmlos, wenn sie auch mit ihren gewaltigen Cheliceren Wunden verursachen können, die sich bei Verunreinigungen entzünden. Die meisten Vogelspinnen sind zudem nicht aggressiv. Gefährlicher sind dagegen einige kleinere, zur weiteren Verwandtschaft der Vogelspinnen gehörige Arten. Die Männchen der australischen Trichterspinne *Atrax robustus* z. B. dringen zur Paarungszeit gern in Gebäude ein und sind dann auch sehr aggressiv. Vermutlich handelt es sich bei dieser Art um die giftigste Spinne überhaupt. Die großen, häufig mit tropischen Früchten bei uns eingeschleppten Bananenspinnen, oft handgroße Tiere, sind gänzlich harmlos. Im Gegenteil, in ihren Herkunftsländern werden diese nächtlichen Tiere gern in Haus und Hof geduldet, weil sie andere, gefährlichere Gäste kurzhalten. Bei uns brauchen wir uns also nicht vor Spinnen zu fürchten.

Naturschutz

Viele Spinnenarten sind in den letzten 50 Jahren merklich seltener geworden und einige sind ganz verschwunden. Dies ist nicht nur ein

Verlust an Vielgestaltigkeit, sondern verändert auch die sehr komplizierten Wechselwirkungen innerhalb der Lebensräume. Untersuchungen haben ergeben, dass bereits der Verlust einer einzigen Art das gesamte Gefüge in einem Lebensraum beträchtlich verändern kann, und in der Regel nicht zum Guten. Denn die Beziehungen zwischen den Angehörigen eines Lebensraumes sind so vielschichtig, dass der Verlust einer Art selbst Arten beeinflussen kann, die anscheinend mit dieser nicht das Geringste zu tun haben.

Dieser enorme Schwund an Arten geht ausschließlich zu Lasten menschlicher Aktivitäten. Verantwortlich sind vor allem die Umweltzerstörung durch Überbauung mit Siedlungen und Straßen, die moderne Landwirtschaft mit ihren Monokulturen, die Forstwirtschaft, die kein totes Holz im Wirtschaftswald duldet, und ähnliche menschliche Eingriffe. Dazu kommen Luftverschmutzung, der Eintrag von Düngemitteln und Pestiziden in die Luft, den Boden und die Gewässer, die Versauerung von Böden und Gewässern, um die wichtigsten zu nennen. Nicht vergessen werden soll auch der Ordnungssinn nicht nur von städtischen und staatlichen Stellen, sondern auch von Haus- und Gartenbesitzern, die Feldraine und Wegränder mähen, Bäche und Gräben ausheben und in ihren Gärten keinerlei Wildwuchs dulden.

Diese zunehmende Verarmung unserer Umwelt zu bremsen dienen die Gesetze, die zum Schutz seltener Tier- und Pflanzenarten erlassen wurden, ebenso die Ausweisung von Natur- und Landschaftsschutzgebieten. Auch wenn der Schutz einzelner seltener Arten durchaus begrüßenswert ist, kann ein wirkungsvoller Artenschutz nur durch den Schutz der Lebensräume erzielt werden. Naturschutzgebiete sind ein wichtiger Faktor für den Artenschutz, aber auch jeder Bürger kann sich am Artenschutz beteiligen, indem er zum Beispiel in seinem Garten eine Vielfalt an Pflanzen gedeihen lässt, keine Pestizide versprüht und es duldet, dass dort Insekten und Spinnen hausen.

Eine Reihe von seltenen Arten ist durch die Bundesartenschutzverordnung geschützt. Das heißt, sie dürfen normalerweise nicht gefangen werden und ihre Lebensräume sollen nicht ohne triftigen Grund in irgendeiner Weise verändert oder gar zerstört werden. Außerdem haben viele europäische Länder beziehungsweise deutsche Bundesländer Rote Listen der seltenen und gefährdeten Arten erstellt, in denen diese Arten entsprechend ihrer Gefährdung aufgeführt sind. Diese Roten Listen werden bei der Beurteilung der Folgen von Eingriffen in die Landschaft herangezogen. Naturschutz kann aber nicht heißen, dass man aufhört, sich mit Spinnen zu beschäftigen und gegebenenfalls auch zu sammeln, denn es gibt bei ihnen noch so viel zu entdecken. Wenn dies unter Beachtung der Vorschriften geschieht, ist das auch für den Naturschutz förderlich. Denn man sollte nie vergessen: Man kann nur das schützen, was man kennt! Daher gilt auch für den interessierten Laien: Wenn er nichts über Spinnen weiß, wie und weshalb sollte er sich um diese Tiere und um ihren Schutz kümmern?

Der Dornfinger *Cheiracanthium punctorium*, die einzige deutsche Spinne, die schmerzhafte Bisse verursachen kann

Spinnen in ihren Lebensräumen

Kellerspinne
Amaurobius ferox

> groß und
  kurzbeinig
> Nachttier
> in Kellern

Merkmale Eine große, untersetzte, ziemlich kurzbeinige Spinne; bis 15 mm lang; schwarz, mit undeutlicher, etwas hellerer Zeichnung auf dem Hinterkörper.

Vorkommen Vor allem in Kellern und anderen dunklen Orten, in wärmeren Gegenden auch im Freiland, zum Beispiel an Weinbergsmauern.

Wissenswertes Eine Kräuselnetzspinne, die keine Klebetröpfchen, sondern stark gekräuselte Spinnwolle für ihr Netz benutzt. Die Spinnwolle wird von einer Siebplatte am Hinterleib, dem Cribellum, ausgeschieden und mit einem Borstenkamm an den Hinterbeinen, dem Calamistrum, auf das Netz gekämmt. Die Beutetiere kleben nicht am Netz fest, sondern verfangen sich in der Kräuselwolle. Das trichterförmige Netz wird meist am Boden in Ecken, Nischen und hinter Gerümpel angelegt, und die Spinne fängt damit allerlei Ungeziefer in Kellern, Schuppen und anderen dunklen Orten, vor allem Kellerasseln.

Federfußspinne
Uloborus plumipes

> buckliger
  Hinterleib
> Kräuselradnetz
> in Gewächs-
  häusern

Merkmale Eine kleine, 4–6 mm lange Netzspinne mit flachem Vorderkörper und hohem, dreieckigem, etwas buckligem Hinterleib und mit sehr langen Vorderbeinen, deren Schienen ein auffälliges Haarbüschel tragen. Die Färbung ist sehr verschiedenartig.

Vorkommen Die Spinne ist bei uns in Gewächshäusern und Gartenmärkten weit verbreitet und ganzjährig zu finden.

Wissenswertes Diese kleine Spinne ist eine Einwanderin aus den Tropen. Sie erschien zuerst im Mittelmeergebiet, dann vor gut 20 Jahren auch erstmals in Deutschland. Inzwischen ist sie bei uns weit verbreitet. Diese Radnetzspinne ist eine der ganz wenigen Spinnen ohne Giftdrüsen. Sie belegt ihr Netz mit Kräuselwolle und spinnt ihre Beute besonders sorgfältig ein. Das Netz wird horizontal zwischen größeren Pflanzen, etwa Kakteen und andere Sukkulenten, ausgespannt und kann fast 30 cm im Durchmesser erreichen.

Lochröhrenspinne
Filistata insidiatrix

Typisch

> lange Taster
> Kräuselradnetz
> trichterförmiges Netz unter Steinen

Merkmale Eine schlanke Spinne mit ziemlich langen Beinen. Besonders die Männchen besitzen auffallend lange Taster. Die Männchen werden etwa 7 mm lang, die Weibchen bis 14 mm. Der Vorderkörper ist gelblich oder hellbraun, der Hinterleib grau und sehr fein behaart.
Vorkommen An alten, rissigen Mauern, Felswänden, auch unter großen Steinen. Überall im Mittelmeergebiet verbreitet.
Wissenswertes Das Netz dieser Spinne besteht aus Kräuselfäden. Es ist röhrenförmig in Spalten oder in Hohlräumen unter Steinen angelegt und mündet in einem Trichter nach außen.

Zwerg-Sechsaugenspinne
Oonops domesticus

Typisch

> weißlich-rosa
> Kopf mit 6 Augen
> gern an Büchern
> jagt Staubläuse

Merkmale Eine winzige Spinne von nicht einmal 2 mm Länge. Der Vorderkörper ist rosa, der Hinterleib weißlich. Im Gegensatz zu den meisten anderen Spinnen besitzt sie nur 6 Augen.
Vorkommen In Häusern, in Zimmerecken, gern in Bücherregalen. Weit verbreitet, aber wegen ihrer geringen Größe meist übersehen.
Wissenswertes Die nachtaktive Spinne sitzt tagsüber in ihrem Wohngespinst und ist erst abends aktiv. Vermutlich jagt sie vornehmlich Staubläuse, daher ihr Vorkommen in der Nähe von Büchern und Papier. Die Spinne bewegt sich auffallend langsam, fast „schleichend".

Große Zitterspinne
Pholcus phalangoides

Typisch

> sehr lange Beine
> hängt kopfüber im Netz
> in Häusern

Merkmale Mit bis 10 mm Länge die größte unserer Zitterspinnen. Sie besitzt extrem lange Beine. Der Körper ist blassbraun mit undeutlichen dunklen Flecken.
Vorkommen In trockenen Kellern und Häusern, selbst in modernen Betonbauten, im Mittelmeergebiet auch in Höhlen.
Wissenswertes Der Name dieser Spinne bezieht sich auf ihr Verhalten, das sie bei Belästigung zeigt: Dann zittert sie sehr schnell in ihrem Netz. Zitterspinnen legen ihre unregelmäßigen Netze häufig an der Decke an. Sie überwältigen selbst große, wehrhafte Tiere, indem sie diese von hinten mit Klebfäden fesseln.

Typisch

> Nachttier
> in Häusern
> sie „speit" Kleb-
  fäden

Speispinne
Scytodes thoracica

Merkmale Eine kleine, 4–6 mm lange, sehr langbeinige, gelbliche oder hellbraune Spinne mit zahlreichen dunklen Flecken auf Körper und Beinen und einer charakteristischen schleifenförmigen Zeichnung am schräg nach hinten ansteigenden Vorderkörper. Dieser ist etwa so groß wie der Hinterleib.
Vorkommen Bei uns fast ausschließlich in (älteren) Häusern, im Mittelmeergebiet auch im Freiland.
Wissenswertes Der Name dieser kleinen Spinne bezieht sich auf die eigenartige Weise ihres Beutefanges. Die nachtaktive Spinne schleicht geradezu bei der Nahrungssuche an Wänden entlang. Hat sie ein Beutetier entdeckt, bleibt sie stehen, hebt den Vorderkörper an und „speit" dann aus ihren Chelicerenklauen klebrige Spinnfäden zickzackartig über ihr Opfer, das dadurch an den Boden gefesselt wird. Danach wird das wehrlose Opfer durch den Giftbiss getötet und ausgesaugt.

Typisch

> fettglänzender
  Hinterleib
> herabhängende
  Fangfäden
> in Häusern

Fettpinne
Steatoda bipunctata

Merkmale Eine etwa 4–7 mm lange, auffallend fettglänzende Kugelspinne. Färbung mehr oder weniger dunkel bräunlich, Hinterkörper mit einer undeutlichen, helleren Zeichnung.
Vorkommen Vor allem in Gebäuden, selbst in sehr trockenen, stark beheizten Räumen. Außerdem im Freiland an Felsen und an Baumrinde.
Wissenswertes Offensichtlich bildet die wachsartige Oberfläche ihres Hinterleibs einen guten Schutz gegen Austrocknung, denn die Fettspinne kann sehr lange ohne Nahrung und Wasser aushalten, und dies sogar in sehr trockenen, warmen Räumen. Ihr weitmaschiges Netz wird in Ecken und Nischen angelegt und ist oben mit Spannfäden befestigt, während nach unten Fangfäden herabhängen, die am Ende mit Klebetröpfchen besetzt sind. Die Männchen besitzen ein Stridulationsorgan aus parallelen Rillen am Vorderkörper, über die eine Kante am Hinterleib bewegt wird.

Typisch

> lange, gebänderte Beine
> weitmaschiger Netzteppich
> in feuchten Kellern

Höhlenspinne
Nesticus cellulanus

Merkmale Eine etwa 5 mm lange, kugelige Spinne mit sehr langen, auffallend gebänderten Beinen. Färbung gelblich bis hellbraun, Hinterkörper gefleckt, Vorderkörper mit dunklem Mittelband.
Vorkommen An feuchten, dunklen Orten, in Kellern, aber auch in Höhlen und Bergwerkstollen.
Wissenswertes Die kleine Spinne baut ein unregelmäßiges, weitmaschiges Netz, häufig geradezu einen Netzteppich, von dem die mit Klebetröpfchen besetzten Fangfäden herabhängen. Auch die Spinne hängt kopfüber in ihrem Netz. Die an den Klebetröpfchen hängende Beute wird von der Spinne nach oben gezogen.

Typisch

> dunkel gefleckter Hinterleib
> Baldachinnetz
> in Kellern und Schuppen

Baldachinspinne
Leptyphantes nebulosus

Merkmale Eine bis 4 mm lange Baldachinspinne. Vorderkörper mit dunklem Seitenrand und dunkler, unregelmäßiger Längsbinde, Hinterkörper mit bogenförmigen Flecken.
Vorkommen In Gebäuden, Schuppen, Kellern oder Waschküchen, aber auch in Höhlen und Bergwerksstollen.
Wissenswertes Baldachinspinnen bauen ein dichtes, wie ein „Baldachin" aussehendes, horizontales Netz, an dessen Unterseite sie kopfüber hängen. Das Netz besitzt keine Fangfäden, zuweilen aber nach unten gerichtete, am Boden befestigte „Stolperfäden", die der Spinne die Anwesenheit eines Beutetiers verraten.

Typisch

> grauer Hinterleib
> Baldachinnetz
> in feuchten Kellern

Höhlenbaldachinspinne
Porhomma convexum

Merkmale Eine kaum 3 mm lange Spinne. Vorderkörper braun, Hinterkörper hellgrau. Beine ziemlich lang. Augen vollständig entwickelt.
Vorkommen An dunklen, feuchten Orten, in Kellern, Stollen, zwischen Felsen im Gebirge, am häufigsten in Höhlen.
Wissenswertes Eine Art aus einer artenreichen Gattung kleiner Baldachinspinnen, an denen sich die Anpassungen an das Leben in Höhlen studieren lassen. Diese Art kommt auch noch im Freiland vor, andere leben ausschließlich in Höhlen und sind daher noch heller, besitzen noch längere Beine und haben fast oder sogar ganz reduzierte Augen.

Typisch

> langbeinig
> kleines Radnetz
> in Höhlen und Kellern

Höhlenkreuzspinne
Meta menardi

Merkmale Eine sehr große, langbeinige Radnetzspinne; Weibchen bis 17 mm lang. Färbung rotbraun mit zahlreichen dunklen Flecken.

Vorkommen In Höhlen, aber auch in feuchten Kellern. In Süddeutschland regelmäßig und in großer Zahl in Höhlen anzutreffen.

Wissenswertes Diese große Spinne besitzt ein relativ kleines Netz von kaum mehr als 30 cm Durchmesser und mit sehr wenigen Radien. Im Sommer hält sie sich vorzugsweise im Höhleneingang auf und zieht sich im Winter tiefer in die Höhle zurück, um den sinkenden Temperaturen auszuweichen. Im Gegensatz zu anderen Radnetzspinnen findet man erwachsene Tiere fast ganzjährig. Die Entwicklung dauert zwei Jahre und ist vermutlich durch das geringe Nahrungsangebot in Höhlen bedingt, das vor allem aus kleinen Mücken besteht. Daher ist es erstaunlich, wie zahlreich die Spinne in diesem kargen Lebensraum vorkommt.

Typisch

> silbrige Blattzeichnung
> unvollständiges Netz
> an Gebäuden

Sektorspinne
Zygiella x-notata

Merkmale Eine mittelgroße Radnetzspinne; Weibchen bis etwa 10 mm lang, Männchen etwas kleiner. Vorderkörper gelblich mit schwarzem, vorn verbreitertem Längsband, Hinterkörper mit silbriger Blattzeichnung.

Vorkommen Vor allem an der Außenseite von Gebäuden, auch an Zäunen. Weit verbreitet und häufig.

Wissenswertes Das Netz wird gern in Fensternischen, unter Balkonen und Schuppendächern oder an Zäunen angelegt. Es ist unvollständig, denn beiderseits des Signalfadens, der zum verborgenen Schlupfwinkel der Spinne in einem Spalt zieht, ist ein Sektor ausgespart, daher der Name „Sektorspinne". Nur bei ungünstiger Lage des Verstecks wird ein vollständiges Netz angelegt. Die im Schlupfwinkel lauernde Spinne hält den Signalfaden und erfährt dadurch, was sich im Netz abspielt. Fängt sich ein Beutetier, stürzt sie aus ihrem Schlupfwinkel und spinnt es ein.

Typisch

> asymmetrisches
Netz
> nachtaktiv
> an Gebäuden

Spaltenkreuzspinne
Nuctenea umbratica

Merkmale Eine große, oberseits abgeflachte Radnetz-spinne. Das Weibchen wird bis über 15 mm lang, das Männchen bis etwa 10 mm. Färbung rotbraun bis schwärzlich, Hinterleib mit einer mehr oder weniger deutlichen, hell eingefassten Blattzeichnung, Beine deutlich geringelt.

Vorkommen An der Fassade von Gebäuden, an Zäunen, abgestorbenen Bäumen mit loser Rinde, bevorzugt in Spalten. Die Spinne ist überall häufig, wird aber wegen ihrer nächtlichen Lebensweise selten beobachtet.

Wissenswertes Das Radnetz ist sehr groß, bis über 70 cm im Durchmesser, und immer asymmetrisch, denn die Nabe ist dem Schlupfwinkel der Spinne genähert. Die Spinne kommt nur nachts aus ihrer Spalte oder Nische heraus und sitzt dann in der Netzmitte. Wie bei den meisten Radnetzspinnen findet man erwachsene Tiere vom Spätsommer bis in den Herbst, zuweilen noch bis in den Winter.

Typisch

> groß und
langbeinig
> Trichternetz
> in Kellern

Hauswinkelspinne
Tegenaria atrica

Merkmale Eine sehr große, auffallend langbeinige Trich-terspinne; Männchen bis 15 mm, Weibchen bis 18 mm lang. Färbung hellbraun mit zahlreichen dunklen Flecken auf dem Hinterleib; Vorderkörper mit zwei unregelmäßi-gen Längsbinden und hellem Rand.

Vorkommen Vor allem in Häusern, Kellern, aber auch im Freiland in Höhlen und unter Steinen.

Wissenswertes Das unordentliche Trichternetz wird in Ecken, Fensternischen und zwischen Gerümpel angelegt. In der Röhre am Ende des Netzes lauert tagsüber die Spinne, kommt nachts aber häufig heraus. Ist zu wenig Nahrung verfügbar, wandern die Spinnen nachts herum und verirren sich dann gelegentlich in glattrandige Waschbecken oder Badewannen, aus denen sie nicht entkommen können. Die langbeinigen Männchen wan-dern auch auf der Suche nach Weibchen im Haus herum. Trotz ihrer Größe ist die Hausspinne harmlos, ja nützlich.

> schwarz-weiße
Zeichnung

> riesige
Mittelaugen

> an sonnigen
Hauswänden

Zebraspringspinne
Salticus scenicus

Merkmale Eine bis 7 mm lange, auffällig gefärbte Springspinne mit quer gestreiftem Hinterleib und weißen Flecken an Vorderkörper und Beinen.

Vorkommen An und in Häusern, an Zäunen, seltener an Bäumen. Überall häufig und besonders gern an besonnten Stellen.

Wissenswertes Wie alle Springspinnen ist die Zebraspringspinne ein tagaktiver Jäger, den man an besonnten Hauswänden und auf Terrassen beobachten kann. Die riesigen vorderen Mittelaugen ermöglichen ihr räumliches Sehen und das Abschätzen von Entfernungen. Daher pirscht sie sich bis auf etwa 1 cm an die Beute heran und packt sie mit einem gewaltigen Satz. Springspinnen legen keine Netze an, beim Sprung befestigen sie jedoch einen Sicherheitsfaden am Untergrund, der sie bei einem Fehlversuch vor dem Absturz bewahrt. Leicht sind die Männchen bei der Balz oder bei ihren Kommentkämpfen zu beobachten.

> heller
Mittelstreifen

> weiß behaarte
Taster

> häufig in
Räumen

Hausspringspinne
Euophrys lanigera

Merkmale Eine kleine, bis 5 mm lange Springspinne mit oberseits hellem Vorderkörper und einem breiten hellen Mittelband auf dem Hinterleib. Diese Färbung ist beim Männchen ausgeprägter als beim dunkleren Weibchen. Die Taster sind auffallend weiß behaart.

Vorkommen An und in Häusern. Überall häufig und mehr als andere Springspinnen auch in trockenen, modernen Gebäuden; gern an Zimmerwänden und Decken.

Wissenswertes Diese inzwischen in Süddeutschland häufige und weit verbreitete kleine Springspinne kommt ursprünglich aus Südwesteuropa und ist erst vor etwa 50 Jahren bei uns eingewandert. Vielleicht ist ihre Herkunft dafür verantwortlich, dass sie mit dem warmen, trockenen Raumklima neuer Häuser besser zurechtkommt als viele andere Spinnen. Erwachsene Tiere kann man in Häusern sogar mitten im Winter beobachten, im Sommer sieht man sie häufiger an Außenwänden.

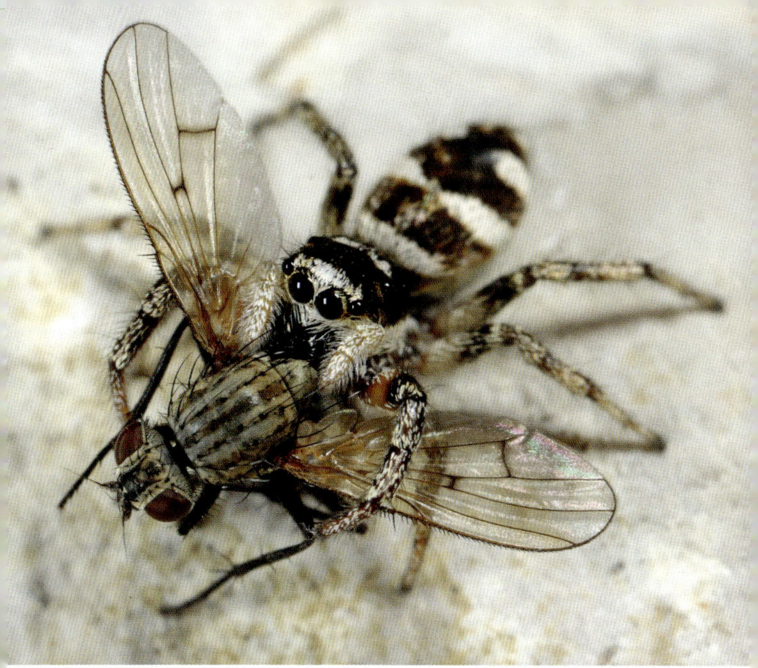
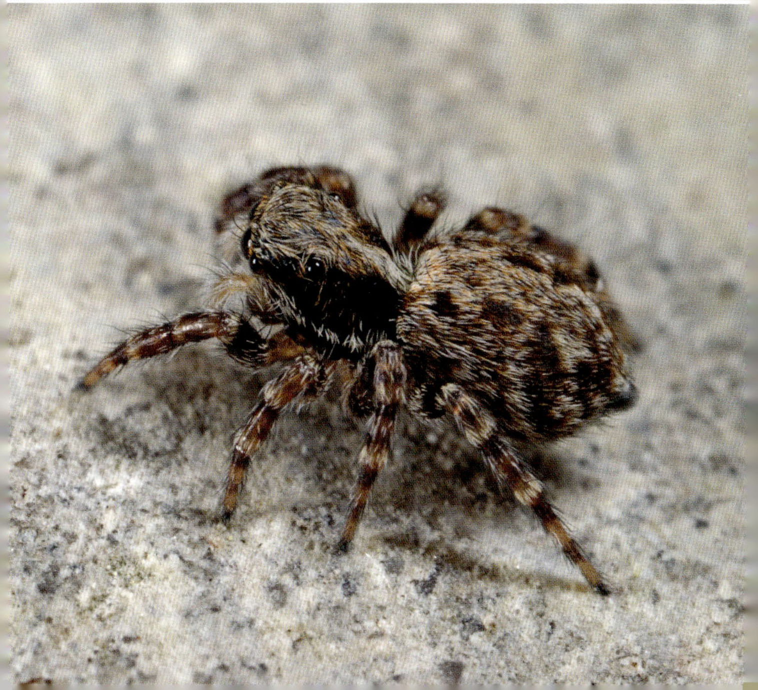

Typisch

> unscheinbare Färbung
> sehr sonnen-liebend
> an Mauern und Zäunen

Springspinne
Sitticus pubescens

Merkmale Diese kleine, bis 6 mm lange Springspinne ist unscheinbar graubraun oder schwärzlich gefärbt. Die hellen Zeichnungen auf der Oberseite sind meist undeutlich.
Vorkommen An warmen, sonnigen Mauern, Felsen, alten Zäunen und an Baumstämmen, gern an Fachwerk. In warmen Gebieten überall häufig.
Wissenswertes Die sonnenliebende Spinne wäre leicht zu beobachten, würde die graue Tarnfärbung das nicht erschweren. Die Spinne geht im hellen Sonnenlicht auf Jagd, wobei sie ihre Beute mit den großen Mittelaugen fixiert und dann aus kurzer Entfernung anspringt.

Typisch

> Männchen sehr bunt
> vergrößertes, buntes drittes Beinpaar
> in Südeuropa

Springspinne
Saitis barbipes

Merkmale Eine kleine, bis 6 mm lange, enorm lebhaft gefärbte Springspinne. Das Männchen hat ein stark vergrößertes, sehr buntes drittes Beinpaar und eine rote Stirn. Kopf und Mitte des Hinterleibs sind weiß behaart. Das Weibchen ist unscheinbar gelblich.
Vorkommen An Mauern und Hausfassaden, auch im Inneren von Häusern. Im Freien auch an Felsen. Im Mittelmeergebiet weit verbreitet, kommt im Norden bis an den Rand der Südalpen vor.
Wissenswertes Bei der Balz winkt das Männchen mit dem auffallend gefärbten dritten Beinpaar, um die Aufmerksamkeit des Weibchens zu erregen.

Typisch

> ameisenähnliche Körperform
> ameisenartige Körperhaltung
> an Hauswänden

Ameisenähnliche Springspinne
Synageles venator

Merkmale Eine bis 4 mm lange, ameisenähnliche Springspinne mit einer weißen Querbinde auf dem Vorderkörper und zwei weißen Binden auf dem Hinterleib.
Vorkommen An Hauswänden und Zaunpfählen, weit verbreitet und recht häufig.
Wissenswertes Nicht nur Körperform und Färbung der Spinne sind ameisenähnlich, sondern auch das Verhalten; sie bewegt sich sehr flink und hebt beim Laufen das zweite Beinpaar wie Fühler an. Diese „Mimikry" scheint ein wirksamer Schutz zu sein, denn Vögel können offenbar nicht zwischen wehrhaften Ameisen und den Springspinnen unterscheiden.

Kräuselspinne
Nigma walckenaeri

Typisch

> grüne Färbung
> Kräuselfäden
> auf Blättern

Merkmale Mit bis 5 mm Länge die größte einheimische Kräuselspinne. Der Hinterleib ist leuchtend grün mit gelben Flecken.
Vorkommen In Gärten, vor allem auf großblättrigen Pflanzen, an bewachsenen Hauswänden, auch an Waldrändern.
Wissenswertes Die Spinne stammt ursprünglich aus Südeuropa, ist aber bei uns weit verbreitet. Ihr zeltähnliches Netz spinnt sie auf der Oberfläche von Blättern. Davon gehen Fangfäden in Richtung der Blattspitze aus, in deren Kräuselwolle sich auch große Insekten verfangen. Je mehr die Beutetiere zappeln, umso stärker verheddern sie sich in den Kräuselfäden.

Kugelspinne
Enoplognatha ovata

Typisch

> kugelförmiger, gelber Hinterleib
> Haubennetz
> in Gärten

Merkmale Diese langbeinige Kugelspinne wird bis 7 mm lang. Der Vorderkörper ist grünlich bis rötlich, der kugelförmige Hinterleib hellgelb, mit paarigen schwarzen Punkten besetzt und trägt häufig zwei hellrote Streifen.
Vorkommen Überall in Gärten und an Waldrändern sehr häufig.
Wissenswertes Die Spinne legt ihr Netz an Spitzen von Zweigen oder höheren krautigen Pflanzen an. Es ist ein kuppelartiges Haubennetz mit einem aus zusammengesponnenen Blättern bestehenden Schlupfwinkel an der Oberseite. Die recht kleine Spinne kann selbst große Wespen und Bienen überwältigen.

Kugelspinne
Theridion varians

Typisch

> Hinterleib mit gezackten Längsband
> Haubennetz mit Fangfäden
> in Gärten

Merkmale Eine kleine, bis 4 mm lange Kugelspinne. Der kugelförmige Hinterleib trägt ein gezacktes, rötliches, weiß gerandetes Längsband.
Vorkommen Überall in Gärten und an Waldrändern sehr häufig.
Wissenswertes Das Haubennetz besteht aus einem dicht gewebten Schlupfwinkel in Form einer umgekehrten Schale oberhalb des eigentlichen Fangnetzes. Vom Schlupfwinkel gehen nach unten einige mit Klebetröpfchen besetzte Fangfäden aus, die an Zweigen befestigt sind. Stößt ein Beutetier an einen Fangfaden, wird die Spinne alarmiert und tötet die Beute mit ihrem Giftbiss.

Kugelspinne
Episinus angulatus

Typisch

> rautenförmiger Hinterleib
> einfaches Netz
> in Gärten auf Sträuchern

Merkmale Eine bis 5,5 mm große, lang gestreckte und langbeinige Kugelspinne mit auffallend langem, rautenförmigem Hinterleib, dunkler Oberseite und auffällig geringelten Beinen.
Vorkommen In Gärten und an Waldrändern, nicht selten, aber schwer zu finden.
Wissenswertes Diese Spinne weicht mit ihrem rauten- oder trapezförmigen Hinterleib merklich vom Habitus der Kugelspinnen ab. Sie sitzt gern mit nach vorn und hinten gerichteten Beinen auf einem Blatt und baut ein sehr einfaches, nur aus wenigen Fäden bestehendes Netz zwischen niedrigen Zweigen und dem Boden.

Baldachinspinne
Linyphia triangularis

Typisch

> gezacktes Längsband
> Männchen mit langen Cheliceren
> Netz mit Stolperfäden

Merkmale Eine langbeinige, bis 7 mm lange Baldachinspinne mit gezackter Längsbinde auf dem weißlichen Hinterleib. Männchen mit langen Cheliceren.
Vorkommen In Gärten, an Wegrändern und an Waldrändern auf niedriger Vegetation, überall sehr häufig.
Wissenswertes Die im Spätsommer überall auffälligen Netze, vor allem wenn sie betaut sind, bestehen aus einem dichten Netzteppich in niedriger Vegetation, der oberseits zahlreiche Stolperfäden trägt. Insekten, die dort hineingeraten, fallen auf das Netz und werden von der darunterhängenden Spinne durch das Netz gebissen.

Baldachinspinne
Neriene montana

Typisch

> unscheinbare Färbung
> Versteck in Spalten
> Frühlingsart

Merkmale Mit bis 8 mm Länge eine der größten einheimischen Baldachinspinnen, relativ unscheinbar und dunkel gefärbt. Hinterleib mit undeutlicher Blattzeichnung. Beine deutlich geringelt.
Vorkommen In Gärten, im Gebüsch und an Waldrändern, überall häufig.
Wissenswertes Das Baldachinnetz wird immer entweder an Spalten angrenzend oder in dichtem Laub angelegt. Dort hat die Spinne ihr Versteck, das sie im Gegensatz zu anderen Baldachinspinnen nur verlässt, wenn ein Beutetier ins Netz gegangen ist. Erwachsene Spinnen findet man bereits im späten Frühjahr.

Typisch

> ovaler Hinterleib
> Kreuzzeichnung
> regelmäßiges Radnetz

Gartenkreuzspinne
Araneus diadematus

Merkmale Eine große Kreuzspinne, Weibchen bis 17 mm lang. Der Hinterleib ist länglich oval und trägt das charakteristische weißliche, aus einzelnen Punkten und Streifen bestehende Kreuz auf einer länglichen, seitlich gewellten, dunklen Blattzeichnung.

Vorkommen Bevorzugt in nicht zu offenen, etwas schattigen Gärten, an Waldrändern und auf Wiesen mit höherer Vegetation. Bei uns überall häufig. Erwachsene Tiere im Spätsommer bis in den Herbst.

Wissenswertes Die Gartenkreuzspinne befestigt ihr großes Netz meist nicht sehr hoch über dem Boden an niedrigen Zweigen von Bäumen und Sträuchern. Das Netz ist sehr regelmäßig und besteht aus zahlreichen Radien. Im Unterschied zu vielen anderen Kreuzspinnen sitzt die Spinne auch tagsüber in der Netzmitte. Das Netz wird meist jeden Morgen vor Sonnenaufgang neu gebaut. Der Netzbau wurde sehr genau untersucht. Zunächst wird meist ein Brückenfaden gespannt, an dem sich die Spinne herablässt, eine Hilfsspirale, die später wieder zerstört wird, und ein Spiralfaden, in den später die Sektorenfäden, die „Speichen" des Radnetzes, eingearbeitet werden. Die Fäden der dicht gewebten Fangspirale sind mit Klebetröpfchen besetzt, die auch größere Insekten, Bienen, Käfer und Schmetterlinge, festzuhalten vermögen. Gerät ein Beutetier ins Netz, wird es von der Spinne unter ständigem Drehen eingesponnen, wobei die Fangfäden teilweise zerbissen werden, und erst verzehrt, wenn es sich gar nicht mehr wehren kann. Danach muss natürlich das Netz wieder repariert werden.

Typisch

> gelbgrüner
  Hinterleib
> kleines, hori-
  zontales Netz
> Gärten und
  Waldränder

Kürbisspinne
Araniella cucurbitina

Merkmale Eine recht kleine Radnetzspinne, Männchen nur bis 5 mm, Weibchen bis 9 mm lang. Der ovale Hinterleib ist gelbgrün oder hellgrün, mehr oder weniger einfarbig, und trägt hinten jederseits meist 4 schwarze Punkte, der Vorderkörper ist hellbraun. Die Unterseite ist grünlich, in der Nähe der Spinnwarzen aber leuchtend rot gefärbt.

Vorkommen An Waldrändern und auf Waldwegen, aber auch in Gärten und auf buschreichen Wiesen, erwachsene Spinnen im Frühsommer. Bei uns eine der häufigsten Radnetzspinnen.

Wissenswertes Das ziemlich kleine Radnetz wird in der Regel horizontal in mittlerer Höhe im Gebüsch über der Oberseite großer, gebogener Blätter ausgespannt. Die Spinne sitzt bauchoben unter dem Netz in der Nabe und wartet dort auf Insekten, die solche großen, besonnten Blätter als Landeplatz benutzen. Mit ihrer grünlichen Unterseite ist sie hervorragend getarnt.

Typisch

> heller
  Scheitelstreif
> tagaktives
  Bodentier
> Feldwege,
  trockene Stellen

Wolfsspinne
Pardosa lugubris

Merkmale Eine etwa 7 mm lange Wolfsspinne. Der Vorderkörper ist seitlich dunkel und trägt in der Mitte eine auffällige gelbe Binde. Der hellbraune Hinterkörper ist undeutlich gefleckt, die Beine sind deutlich geringelt.

Vorkommen An trockenen Stellen, auf Wegen, trockenen Wiesen, an Waldrändern, vielfach auch in Gärten. Bei uns eine der häufigsten und am weitesten verbreiteten Wolfsspinnen.

Wissenswertes Wie fast alle Wolfsspinnen baut sie kein Netz, sondern jagt am Boden umherstreifend. Sie kommt meistens in großer Anzahl vor und an sonnigen Tagen können Wege oder der Waldboden geradezu von diesen Spinnen wimmeln. Man kann sich dann vorstellen, welche Mengen an Insekten diese Spinnen vertilgen. Im Spätfrühjahr tragen die Weibchen ihren großen, weißen Eikokon mit sich herum und nach dem Schlüpfen versammeln sich auch die Jungspinnen auf dem Hinterleib der Mutter.

Wolfsspinne
Trochosa ruricola

Typisch

> große Spinne
> Nachttier
> Gärten und Lichtungen

Merkmale Mit bis 14 mm Länge des Weibchens eine recht große Wolfsspinne. Die Oberseite ist düster rot-braun gefärbt, der Vorderkörper trägt eine Mittelbinde, die zwei kleine dunkle Flecken einschließt.
Vorkommen An mäßig trockenen, etwas beschatteten Stellen, in Gärten, Lichtungen und an Waldrändern. Überall sehr häufig und zahlreich.
Wissenswertes Anders als viele der sonnenhungrigen Wolfsspinnen offenbar eher ein Nachttier, das sich tags-über unter Steinen verbirgt und erst nachts auf der Jagd am Boden herumläuft. Wie die meisten Wolfsspinnen jagt sie ihre Beute ohne Netz.

Flachstrecker
Philodromus aureolus

Typisch

> Beine zur Seite gerichtet
> Männchen grünmetallisch
> auf Blättern

Merkmale Leicht erkennbar an den sehr langen, seit-wärts gerichteten Beinen. Männchen bis 5 mm, Weib-chen bis 7 mm lang, Die Geschlechter sind recht verschie-denartig gefärbt: das Männchen mit grünmetallischem Schimmer, das Weibchen rotbraun und mit hellen Mittel-flecken.
Vorkommen In Wäldern, an Waldrändern auf Gebüsch, auch in Gärten überall häufig.
Wissenswertes Die tagaktiven Spinnen sitzen meist auf Blättern von Bäumen und Büschen und rennen äußerst rasch auf den Blättern herum. Sie legen kein Netz an, sondern jagen ihre Beute in schnellem Lauf.

Krabbenspinne
Xysticus lanio

Typisch

> Beine seitlich angeordnet
> Hinterleib rötlich
> auf Blättern und Blüten

Merkmale Eine bis etwa 7 mm große Krabbenspinne. Der Vorderkörper ist braun mit hellerer Mittelbinde, der Hin-terleib ist an den Seiten rötlich, mit einem undeutlichen, blattartigen Fleck in der Mitte. Das Männchen besitzt fast schwarze Beine.
Vorkommen In lichten Wäldern und Gebüschen, auch in Gärten häufig.
Wissenswertes Die Spinnen lauern gut getarnt auf Blättern oder Blüten sitzend auf Beute und fangen auch ziemlich große und wehrhafte Käfer, Bienen und Schmet-terlinge. Bei der Paarung „fesselt" das Männchen das Weibchen mit einigen Spinnfäden.

Wiesen

Zwergspinne
Dicymbium tibiale

> einfarbig schwarz
> Netz in der Bodenstreu
> trockene Wiesen

Merkmale Diese winzige Zwergspinne wird nur bis 2,5 mm lang, sie ist einfarbig schwarzbraun bis schwarz. Beim Männchen sind die Schienen der Vorderbeine auffallend verbreitert.
Vorkommen In lichten Wäldern, auf nicht zu feuchten Wiesen, an Wegrainen, ziemlich häufig.
Wissenswertes Diese Art errichtet ihr winziges Nest dicht am Boden und jagt dort wohl hauptsächlich Springschwänze. Allerdings ist die Biologie der fast 250 heimischen Zwergspinnen wenig erforscht. In der Bodenstreu sind Zwergspinnen sehr häufig und bilden ein wichtiges Glied in der Nahrungskette.

Zwergspinne
Erigone dentipalpis

> einfarbig schwarz
> Männchen mit erhöhtem Kopf
> Altweibersommer

Merkmale Auch diese einfarbig schwarze Zwergspinne wird nur bis 2,5 mm lang. Beim Männchen ist der Kopf etwas erhöht und es besitzt sehr verlängerte Taster.
Vorkommen An Wald- und Wegrändern, auf Wiesen, in der bodennahen Vegetation, überall häufig.
Wissenswertes Diese Art gehört zu den Spinnen des „Altweibersommers". Im Herbst steigen die Tiere an Zaunpfählen oder Pflanzen empor, heben den Hinterkörper an und lassen sich an einem Faden davontreiben. So erreichen sie neue Siedlungsgebiete. Erwachsene Tiere kann man auch im Winter finden.

Eichblatt-Kreuzspinne
Aculepeira ceropegia

> langovaler Hinterleib
> eichenblattförmiger Fleck
> auffällige Sitzwarte

Merkmale Mit bis 14 mm Länge eine recht große Kreuzspinne, leicht kenntlich an dem langen, hinten zugespitzten Hinterleib mit der auffälligen, an ein Eichenblatt erinnernden Zeichnung.
Vorkommen Auf trockenen bis feuchten Wiesen, auf Waldlichtungen, manchmal sogar in Getreidefeldern. Vor allem im Bergland häufig.
Wissenswertes Das Radnetz liegt meist in Bodennähe zwischen Gras- oder Getreidehalmen und ist mit weißem Gespinst überzogen. Die Spinne lauert meist auf einer Sitzwarte, einem oben offenen, schüsselförmigen Gespinst, dicht neben dem Netz.

Typisch

> große
  Kreuzspinne
> breiter
  Hinterleib
> Netz in
  Bodennähe

Vierfleck-Kreuzspinne
Araneus quadratus

Merkmale Eine große, massige Kreuzspinne mit kurzem, breitem Hinterleib, deren Weibchen bis 18 cm lang werden kann. Färbung sehr verschiedenartig, Zeichnung wie bei der Gartenkreuzspinne mit deutlichen weißen Flecken auf dem Hinterleib,
Vorkommen Auf mäßig feuchten Wiesen, auch an Wegrändern und auf Waldlichtungen. Ziemlich häufig.
Wissenswertes Das Netz wird zwischen höherer krautiger Vegetation ausgespannt, aber immer sehr dicht am Boden. Die Spinne sitzt verborgen in einem eingerollten Blatt und hält einen Signalfaden. Tagsüber ist sie daher kaum zu sehen.

Typisch

> breiter
  Hinterleib
> Hinterleib
  marmoriert
> feuchte Wiesen

Marmorierte Kreuzspinne
Araneus marmoreus

Merkmale Eine ziemlich große Kreuzspinne mit kurzem Hinterleib, der aber nicht so breit ist wie bei der Vierfleck-Kreuzspinne. Die Weibchen werden bis 15 cm lang. Die Färbung ist sehr unterschiedlich, meist ist der Hinterleib auffallend marmoriert.
Vorkommen Auf feuchten Wiesen, am Rande von Mooren und in Auwäldern. Weniger häufig als die Garten- und Vierfleck-Kreuzspinne.
Wissenswertes Das Netz befindet sich im Gebüsch oder zwischen höheren Kräutern. Die Spinne verbirgt sich tagsüber in einem unten offenen Versteck in Rindenspalten oder zwischen dichten Pflanzen.

Typisch

> kleine
  Kreuzspinne
> eichblattartige
  Zeichnung
> in Heiden

Heideradspinne
Neoscona adianta

Merkmale Mit nur bis 7 mm Länge des Weibchens eine der kleineren Kreuzspinnen. In Körperform und Zeichnung sehr ähnlich der Eichblatt-Kreuzspinne, die weißen Längsbinden auf dem Hinterleib sind aber an ihren Einschnürungen unterbrochen.
Vorkommen In Heiden und anderem Offenland mit niedrigen Sträuchern. Vor allem in Norddeutschland häufiger, aber nach der Roten Liste gefährdet.
Wissenswertes Das kleine Netz ist sehr feinmaschig und wird in niedrigen Pflanzen angelegt, zum Beispiel in Heidekraut. Daneben liegt das nach unten offene Versteck.

Wespenspinne
Argiope bruennichi

Merkmale Mit ihrer wespenähnlichen Hinterleibszeichnung eine der auffälligsten Spinnen. Bei ihr ist der Größenunterschied der Geschlechter besonders bedeutend: Die Weibchen werden bis 17 mm lang, die Männchen nur bis etwa 6 mm.

Vorkommen Auf sonnigen, trockenen wie feuchten Wiesen mit halbhohem, oft auch lückenhaftem Bewuchs.

Wissenswertes Diese eigentlich mediterrane Art ist erst in den letzten 50 Jahren bei uns häufiger geworden, und es steht zu erwarten, dass sie im Zuge der Klimaerwärmung noch zunehmen wird. Das Netz befindet sich zwischen Gräsern oder Stauden und fällt durch das weiße zickzackförmige Stabiliment in der Mitte auf. Über den Sinn dieser Struktur wird noch diskutiert: Sie könnte der Tarnung der Spinne Feinden gegenüber dienen, aber auch zur Anlockung von Beutetieren. Bei dieser Art wird das kleinere Männchen nach der Paarung in der Regel vom Weibchen verzehrt.

Veränderliche Krabbenspinne
Misumena vatia

Merkmale Diese Krabbenspinne trägt ihren Namen zu Recht, denn nicht nur das fast einfarbig dunkle Männchen ist ganz anders gefärbt als das Weibchen, sondern auch dessen Hinterleib variiert zwischen einfarbig Weiß bis Grüngelb und kann grünliche und seitlich auch rote Längsstreifen aufweisen. Mit bis 10 mm Länge gehören die Weibchen zu den größten Krabbenspinnen.

Vorkommen Auf Wiesen, an Wegen und Waldrändern, auf Blüten. Besonders in Süddeutschland überall häufig.

Wissenswertes Die Spinne kann ihre Färbung perfekt an den Untergrund anpassen und ist daher für anfliegende Insekten praktisch unsichtbar. Der Farbwechsel wird anscheinend durch die Augen gesteuert. Die Spinne lauert mit gespreizten Vorderbeinen unbeweglich auf der Blüte, greift sie blitzschnell mit den Vorderbeinen und tötet selbst wehrhafte Beutetiere durch einen raschen Giftbiss in den Nacken.

Laufspinne
Thanatus formicinus

Merkmale Eine graue oder graugelbe Laufspinne, leicht erkennbar an dem schwarzen, gelb umrandeten Mittelstreif auf der vorderen Hälfte des lang gestreckten Hinterleibs. Dieser ist nicht so abgeflacht wie bei den Laufspinnen der Gattung *Philodromus*. Die Weibchen werden bis 10 mm lang.

Vorkommen An besonnten Stellen mit niedriger Vegetation, sowohl auf Trockenrasen wie auf feuchten Streuwiesen. Nach der Roten Liste gefährdet.

Wissenswertes Die sehr langbeinigen, raschen Laufspinnen besitzen kein Netz, sondern jagen ihre Beute durch Anpirschen und schnelles Zugreifen. Die auffallend gezeichnete Spinne hält sich meist in der niedrigen Vegetation auf und bewegt sich dort sehr geschwind. Sie ist weit verbreitet, aber nirgends häufig, und steht auf der Roten Liste der gefährdeten Tiere, was wohl in der weitgehenden Zerstörung ihrer Lebensräume begründet ist.

Dornfinger
Cheiracanthium punctorium

Merkmale Mit bis 15 mm Körperlänge beim Weibchen die größte Art ihrer Gattung. Vorderkörper und Cheliceren bis auf deren Spitze rötlich bis gelbbraun, Hinterleib grünlich-gelb mit einem undeutlichen Mittelfleck. Beim Männchen sind die bereits sehr langen Cheliceren noch mehr verlängert.

Vorkommen Auf trockenen bis etwas feuchten Wiesen mit hohem Gras, in Deutschland nur in einigen Wärmegebieten, im Oberrheintal und in Brandenburg. Nach der Roten Liste gefährdet.

Wissenswertes Der Dornfinger baut im hohen Gras auffällige, weiße Gespinstsäcke, in dem das Weibchen auch seinen Eikokon bewacht. Er ist die einzige Spinne in Deutschland, die ernsthafte Vergiftungserscheinungen hervorrufen kann, denn die spitzen Cheliceren können die menschliche Haut leicht durchdringen. Die Schmerzen, die zuweilen mit Schüttelfrost und leichten Lähmungen einhergehen, halten in schweren Fällen zwei Wochen an.

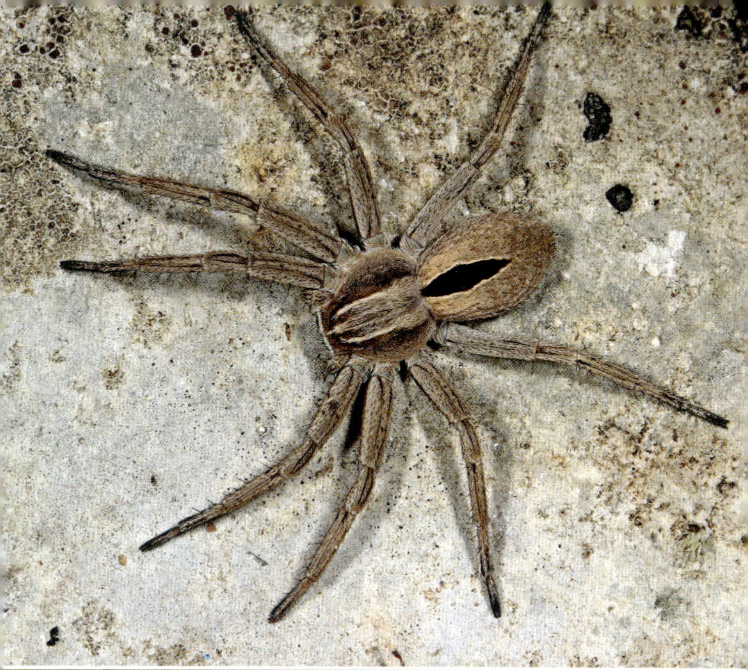

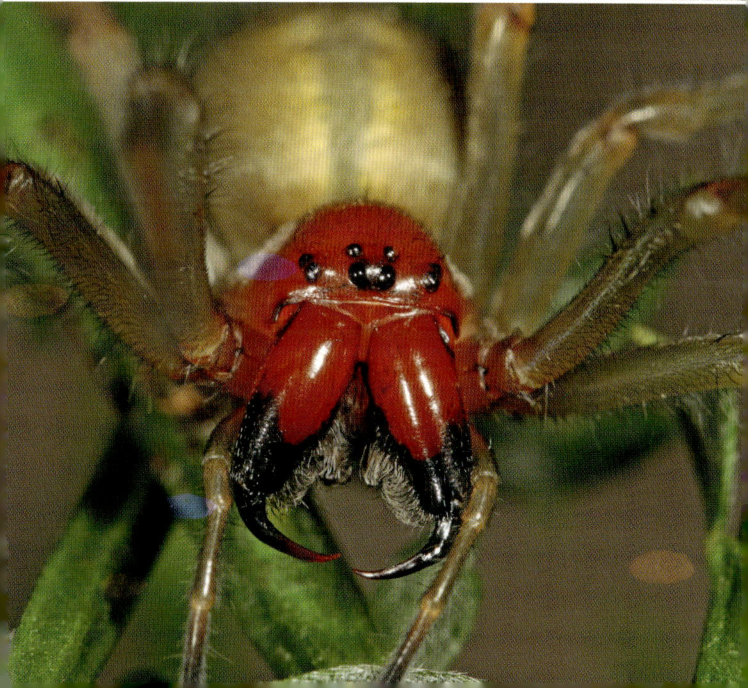

> schlanker Körper
> langer Mittelstreif
> auf Grashalmen

Laufspinne
Tibellus oblongus

Merkmale Eine sehr schlanke, bis 10 mm lange Spinne mit langen, nach vorn und hinten gerichteten Beinen. Färbung gelbbraun mit einem braunen Mittelstreif, der sich in einem helleren Feld befindet.
Vorkommen Auf trockenen bis etwas feuchten Streuwiesen, auch am Rand von Mooren. Verbreitet, doch nirgends häufig.
Wissenswertes Die Spinnen sind hervorragend getarnt, wenn sie mit nach vorn und hinten ausgestreckten Beinen auf Halmen oder Blättern sitzen. Der dunkle Mittelstreif dient ebenfalls der Auflösung des Körperumrisses. Sie jagen ihre Beute an Halmen und auf Blättern.

> Männchen mit gestreiftem Gesicht
> Weibchen mit Versteck
> feuchte Wiesen

Springspinne
Evarcha arcuata

Merkmale Das Männchen dieser bis 8 mm großen Springspinne ist fast schwarz und besitzt ein auffällig mehrfach quer weiß gestreiftes Gesicht; das bräunliche Weibchen hat einen auffällig gemusterten Hinterleib mit schwarzen, weiß gerandeten, schrägen Flecken.
Vorkommen Auf feuchten Wiesen, auch an Ufern und in sumpfigen, aber lichten Wäldern. Weit verbreitet und häufig.
Wissenswertes Während die Männchen häufig in der Vegetation zu sehen sind, halten sich die Weibchen meist in ihrem Versteck auf, das aus einem zusammengerollten und versponnenen Blatt oder versponnenen Zweigen besteht.

> Ameisenmimikry
> Männchen mit langen Cheliceren
> Auf Wiesen

Ameisenspringspinne
Myrmarachne formicaria

Merkmale Diese bis 6,5 mm lange Springspinne ist kaum von einer Ameise zu unterscheiden. Vorder- und Hinterkörper sind mit einem Stiel verbunden, sodass er Kopf und Thorax einer Ameise vortäuscht. Die Cheliceren des Männchens (rechts) sind stark verlängert und die Taster des Weibchens (links) sind abgeflacht und sehen wie Ameisenkiefer aus.
Vorkommen Auf trockenen bis recht feuchten Wiesen, auf Ödland, an Ufern, auch an trockenen Lößwänden.
Wissenswertes Die Ameisenmimikry wird auch im Verhalten deutlich, denn das erste Beinpaar wird wie Ameisenfühler angehoben.

> große, ortho-
  gnathe
  Cheliceren
> Fangschlauch
  am Boden
> Trockenrasen

Tapezierspinne
Atypus piceus

Merkmale Die drei Arten der Tapezierspinnen sind die einzigen orthognathen Spinnen bei uns, und somit mit den tropischen Vogelspinnen verwandt. Sie sind an den massigen, parallel nach unten gerichteten Cheliceren erkennbar. Die bis 15 mm großen Spinnen sind einfarbig dunkelbraun bis schwarz, haben kurze, kräftige Beine und lange, dreigliedrige Spinnwarzen.

Vorkommen An trockenen, besonnten Stellen, auf Trockenrasen und an Waldrändern, besonders auf Kalkboden. Nach der Roten Liste gefährdet.

Wissenswertes Die Spinnen bewohnen etwa 20–30 cm tiefe, senkrechte, ausgesponnene Röhren im Boden, die sich oberirdisch in einem bis 10 cm langen, fingerdicken, durch Blattstücke, Flechten oder Nadeln getarnten Schlauch fortsetzen. Den Tag verbringt die Spinne im Boden, nachts lauert sie im Fangschlauch und beißt Beutetiere durch das Gespinst hindurch mit ihren sehr langen Cheliceren.

> große, ortho-
  gnathe
  Cheliceren
> Röhre mit
  Deckel
> Südeuropa, in
  Stranddünen

Falltürspinne
Cteniza sauvagesi

Merkmale Auch diese kräftig gebaute, bis 20 mm lange Spinne gehört zu den orthognathen Spinnenarten. Sie ist einfarbig braun bis schwarzgrau und gleichfalls erkennbar an den sehr großen Cheliceren.

Vorkommen An trockenen, besonnten Stellen, auf Trockenrasen und am Sandstrand zwischen Strandhafer. Im Mittelmeerraum, vor allem auf Korsika und Sardinien.

Wissenswertes Die Spinnen bewohnen ebenfalls bis 30 cm tiefe, senkrechte, ausgesponnene Röhren im Boden, die aber durch einen oberseits mit Sand, Erde oder Pflanzen getarnten Deckel mit Scharnier verschlossen sind. Die Spinne lauert direkt unter dem Deckel und stürzt heraus, wenn sie die durch ein Beutetier hervorgerufenen Erschütterungen wahrnimmt. Dabei hält sie mit dem hinteren Beinpaar den Deckel fest, um sich nicht „auszusperren". Wird sie gestört, lässt sich die Spinne auf den Grund der Röhre fallen.

Rote Röhrenspinne
Eresus kollari

Typisch

> Männchen mit rotem Hinterleib
> Gespinstdecke am Boden
> Kannibalismus der Jungspinnen

Merkmale Eine sehr auffällige, große, bis 16 mm lange Spinne mit deutlich Sexualdimorphismus: Das kleine Männchen hat einen leuchtend roten Hinterleib mit vier schwarzen Punkten, während das viel größere Weibchen einfarbig schwarz ist. Nur der Vorderkopf kann gelblich oder rot behaart sein.

Vorkommen An trockenen, besonnten Stellen, gern in Bereichen, wo Ödland an etwas dichtere Vegetation angrenzt. Nur in Wärmegebieten. In Süddeutschland weiter verbreitet, auch an manchen Stellen in Brandenburg und in der Lüneburger Heide. Nach der Roten Liste stark gefährdet.

Wissenswertes Die Spinne bewohnt eine bis 10 cm tiefe, schräge, mit Gespinst ausgekleidete Röhre im Boden. Am Ausgang befindet sich eine bis 10 cm große Gespinstdecke auf dem Erdboden, die seitlich in Kräuselfäden ausläuft. Das Gespinst ist mit Pflanzenteilen gut getarnt. Die Spinne lauert meist am Eingang der Röhre und erbeutet vor allem große Käfer mit hartem Panzer. Die Jungspinnen werden zunächst von der Mutter ernährt, die nach ihrem Tod von ihnen verzehrt wird. Die Männchen findet man im Spätsommer.

Sechsflecken-Röhrenspinne
Eresus sandaliatus

Typisch

> Männchen mit sechs Punkten
> Weibchen nicht gelb behaart
> auch im Hochgebirge

Merkmale Sehr ähnlich der Roten Röhrenspinne, das Männchen weist aber oft sechs schwarze Flecken auf und alle Beine sind weiß geringelt. Den Weibchen fehlen die gelben Haarflecken.

Vorkommen An trockenen, besonnten Stellen, auch in den Alpen bis über 2000 m. Nicht in ausgesprochenen Wärmegebieten und nicht im Gebiet der Roten Röhrenspinne. Ebenfalls auf der Roten Liste.

Wissenswertes Netzbau und Brutverhalten gleichen denjenigen der Roten Röhrenspinne, mit der sie lange Zeit verwechselt worden ist. Daher ist ihre Verbreitung noch nicht endgültig geklärt. Allerdings verbringen die Männchen den Winter in ihrem Netz und kommen erst im späten Frühjahr heraus.

Typisch

> Färbung sehr variabel
> senkrechtes Fangnetz
> an sehr trockenen Orten

Südeuropäische Röhrenspinne
Stegodyphus lineatus

Merkmale Eine sehr variabel gefärbte, fast einfarbig weiße bis schwarze Röhrenspinne, bei der sich die Geschlechter nur wenig unterscheiden.
Vorkommen An sehr trockenen Stellen, besonders in Dorngebüsch, im südlichen Mittelmeerraum.
Wissenswertes Die Spinne baut ein senkrechtes, rechteckiges, bis 30 cm breites Fangnetz zwischen Sträuchern, das aus unregelmäßigen Maschen aus Kräuselfäden besteht. Seitlich geht es in eine sehr dicht gesponnene, unten offene Röhre über, in der die Spinne lauert. Die Röhre dient auch der Eiablage und der Aufzucht der Jungspinnen.

Typisch

> Männchen lebhaft gefärbt
> Netz unter Steinen
> in Kalkgebieten

Kalksteinspinne
Titanoeca quadriguttata

Merkmale Eine kleine, bis 6 mm lange Spinne, deren Männchen im Gegensatz zu den einfarbig schwarzen Weibchen vorn rot gefärbt sind und auf dem schwarzen Hinterleib vier weiße Flecken tragen.
Vorkommen In Kalkgebieten Süd- und Mitteldeutschlands an warmen, besonnten, steinigen Hängen.
Wissenswertes Diese Spinne legt ihr kleines, unregelmäßiges Trichternetz immer unter Steinen an. Das Netz ist mit Kräuselwolle belegt, deren extrem dünne Fäden sich an Haaren und Borsten der Beutetiere verfangen und diese, je mehr sie zappeln, umso mehr fesseln.

Typisch

> Färbung rotbraun
> sehr langbeinig
> lebt unter Steinen
> im Mittelmeerraum

Braune Spinne
Loxosceles rufescens

Merkmale Eine unscheinbare, bis etwa 9 mm lange, einheitlich rotbraun gefärbte, sehr langbeinige Spinne mit breitem, flachen Vorderkörper. Die Beine sind seitwärts gerichtet.
Vorkommen An trockenen Orten im südlichen Mittelmeergebiet. Vor allem unter flachen Steinen mit einem Hohlraum darunter zu finden.
Wissenswertes Die Spinne baut am Boden einen dichten Netzteppich aus breiten, aber sehr dünnen Fangfäden, in dem sich die Beutetiere verfangen. Die Spinne gilt als recht giftig, über Unfälle ist aber nichts bekannt, was an ihrer versteckten Lebensweise liegen mag.

> nur sechs Augen
> lebt unter Steinen
> spezialisiert auf Asseln

Sechsaugenspinne
Dysdera erythrina

Merkmale Eine ziemlich große, bis 14 mm lange, vorn rotbraune, am Hinterleib einfarbig rötlichgrau gefärbte, etwas fettglänzende Spinne, mit sehr langen, zangenförmigen Cheliceren.

Vorkommen An besonnten, warmen Orten, auf Trockenrasen, aber auch in lichten Wäldern. Vor allem in den Mittelgebirgen, aber nicht häufig.

Wissenswertes Die Spinne hält sich tagsüber in sackförmigen Gespinsten unter größeren Steinen auf und geht nur nachts auf Jagd. Sie ist auf Asseln spezialisiert, die sie mit Hilfe ihrer riesigen, weit klaffenden Cheliceren erbeuten kann. Die langen Cheliceren braucht sie, um die seitlich weit herausragenden Rückenschilder der Asseln zu umfassen und den Giftbiss in die ungeschützte Unterseite anbringen zu können. Fühlt sich die Spinne bedroht, richtet sie den Vorderkörper auf und spreizt die langen, bedrohlichen Cheliceren weit auseinander.

> sehr lange Cheliceren
> sehr wärmeliebend
> wenige Bissfälle

Sechsaugenspinne
Dysdera crocata

Merkmale Eine sehr große Spinne, deren Weibchen bis 18 mm lang werden können. Die Cheliceren sind im Verhältnis noch länger als bei der vorigen Art. Vorderkörper und Beine sind rötlich, der Hinterleib ist meist einfarbig gelblich.

Vorkommen Noch wärmeliebender als die vorige Art, bei uns nur in Wärmegebieten zerstreut in Weinbergen, an trocknen Mauern, auch in Gebäuden, Schuppen und Ställen vorkommend.

Wissenswertes Die Sechsaugenspinnen sind nicht nur an ihrer geringeren Augenzahl und deren sechseckigen Stellung leicht erkennbar, sondern auch an ihren sehr langen, weit gespreizten Cheliceren mit enorm langen, spitzen Klauen. Die sechs kleinen Augen sind wenig leistungsfähig und können wohl nur Helligkeitsunterschiede wahrnehmen. Von dieser Spinne sind einige wenige Bissfälle bekannt, die mit leichten Vergiftungserscheinungen begleitet waren.

Tasterfußspinne
Palpimanus gibbulus

> rosa Hinterleib
> vorderes Beinpaar sind „Fühler"
> südlichstes Südeuropa

Merkmale Eine untersetzte, bis 8 mm große, kurzbeinige Spinne mit dunkelgrauem Vorderkörper, aber leuchtend rosa gefärbtem Hinterleib. Das vordere Beinpaar ist stark vergrößert und die Spinne besitzt nur ein Paar Spinnwarzen.
Vorkommen An trockenen Orten im südlichsten Mittelmeergebiet.
Wissenswertes Die Spinne gehört zu einer vorwiegend tropischen Familie. Die Vorderbeine werden beim Laufen wie Fühler erhoben und vorgestreckt. Dies mag als Ersatz für die sehr kleinen Augen dieser nächtlichen Spinne dienen. Das unregelmäige Fangnetz befindet sich unter Steinen.

Diebsspinne
Argyrodes argyrodes

> dreieckiger Hinterleib
> Netzparasit
> an Feigenkaktus in Südeuropa

Merkmale Eine bis 6 mm lange Kugelspinne mit silbergrauem, stark erhöhtem, fast dreieckigen Hinterleib.
Vorkommen An trockenen Orten mit Sträuchern oder Gebüsch in Südeuopa. Besonders häufig an Feigenkakteen.
Wissenswertes Die kleine Spinne lebt als Schmarotzer in den Netzen von Radnetzspinnen, etwa der folgenden Art oder der Opuntienspinne. Wegen ihrer geringen Größe entgeht sie der Aufmerksamkeit der Netzbesitzerin und stiehlt bereits eingesponnene Beutetiere aus dem Netz oder saugt einfach zusammen mit der großen Spinne an einem Beutetier, aber auf der anderen Seite.

Südliche Wespenspinne
Argiope lobata

> gezackter Hinterleib
> sehr großes Netz mit Stabiliment
> große Beutetiere

Merkmale Diese Wespenspinne wird noch größer als unsere Art, das Weibchen kann bis 25 mm lang werden. Die Männchen sind erheblich kleiner. Sie ist leicht erkennbar an dem gezackten Rand des Hinterleibs. Die Bauchseite ist unscheinbar gefärbt.
Vorkommen An sonnigen, felsigen oder steinigen Orten mit Gebüsch. In Südeuropa häufig.
Wissenswertes Das sehr große Netz wird schräg, dicht über dem Boden zwischen Gebüsch ausgespannt, und die Spinne hängt darin stets bauchoben an der Unterseite der Nabe. Diese große Spinne fängt auch große Beutetiere wie Heuschrecken und große Falter.

> Beulen auf dem Hinterleib
> Netzdach mit Stolperfäden
> An Feigenkakteen

Opuntienspinne
Cyrtophora citricola

Merkmale Bei dieser Spinne sind die Geschlechter besonders unterschiedlich. Während das Männchen kaum 4 mm misst, erreicht das Weibchen bis 15 mm. Der längliche Hinterleib weist mehrere Beulen und eine dunkle Fleckenzeichnung auf.
Vorkommen An sonnigen Orten mit Bewuchs von Feigenkakteen. In Südeuropa verbreitet und häufig.
Wissenswertes Das eigenartig gestaltete Netz besteht aus einem engmaschigen horizontalen Zeltdach, über dem sich zahlreiche Stoperfäden befinden. Nach unten ist das Dach durch Spannfäden verankert. In der Mitte ist das Dach trichterförmig hochgezogen und bildet den Schlupfwinkel der Spinne, in dem sie mit angezogenen Beinen lauert. Stößt ein Beutetier an einen Stolperfaden und fällt auf das Netzdach, stürzt die Spinne heraus und trägt es in ihr Versteck. Das Netz dieser Spinne wird besonders oft von der Diebsspinne aufgesucht.

> Fischgrätenmuster
> lange Spinnwarzen
> großes Trichternetz

Labyrinthspinne
Agelena labyrinthica

Merkmale Eine große, bis 14 mm lange Trichterspinne mit auffälligem „Fischgrätenmuster" auf dem Hinterleib und sehr langen Spinnwarzen. Der Vorderkörper ist gelblich oder hellbraun mit zwei dunklen Längsbinden, der Hinterleib ist graubraun.
Vorkommen An sonnigen, trockenen Orten mit niedriger Vegetation, auf Trockenrasen, in Heiden und an sonnigen Waldrändern. Weit verbreitet und überall häufig.
Wissenswertes Die Spinne baut ein großes, bis 50 cm spannendes Trichternetz dicht über dem Boden inmitten niedriger Vegetation. Das Netz endet in einer kurzen, hinten offenen Gespinströhre, dem Trichter, in der die Spinne auf Beute lauert, aus deren offenem Ende sie aber bei Gefahr auch fliehen kann. Gerät ein Beutetier auf die Netzfläche, wird die in der Röhre wartende Spinne alarmiert und kann anhand der Erschütterung exakt lokalisieren, wo sich die Beute befindet.

> geringelte Beine
> Hinterleib mit Mittelstreif
> an sonnigen Orten

Wolfsspinne
Alopecosa accentuata

Merkmale Eine mittelgroße, bis 12 mm lange Wolfsspinne mit auffallend geringelten Beinen und einem dunklen, seitlich weiß eingefassten Mittelstreif auf dem Hinterleib.
Vorkommen An trockenen, sonnigen Orten, auf Trockenrasen, in Heiden, auch an sonnigen Waldrändern. Verbreitet und häufig.
Wissenswertes Dies ist eine der häufigsten Wolfsspinnen bei uns, deren Männchen man an sonnigen Tagen in offenem Gelände in großen Mengen auf der Jagd beobachten kann. Es ist erstaunlich, welch große Mengen an Insekten Wolfsspinnen in einem Jahr vertilgen können.

> große Art
> Weibchen in Erdröhre
> stark gefährdet

Wolfsspinne
Alopecosa striatipes

Merkmale Eine große, bis 15 mm lange Wolfsspinne. Vorderkörper mit hellem Mittelstreifen, Hinterleib beim Männchen mit hellgrauem Längsband, beim Weibchen mit einigen Winkelflecken.
Vorkommen Besonders auf steinigen Trockenrasen mit geringem Pflanzenwuchs, aber sehr zerstreut vorkommend. Nach der Roten Liste stark gefährdet.
Wissenswertes Während man die Männchen herumstreifend finden kann, sitzen die etwas größeren Weibchen meist in ihren sehr gut getarnten, oft mit einem Deckel versehenen Erdröhren, aus denen man sie mit einem Grashalm herauskitzeln kann.

> Taster auffallend weiß
> Körper einfarbig dunkel
> kleines Trichternetz

Wolfsspinne
Aulonia albimana

Merkmale Die kleinste einheimische Wolfsspinne, leicht erkennbar an ihrer dunklen Färbung und dem schmalen, hellen Seitenrand des Vorderkörpers. Ein Glied des Tasters ist auffällig weiß.
Vorkommen Auf vegetationsarmem Ödland, gern auf Trockenrasen und Binnendünen. Weit verbreitet und meistens zahlreich.
Wissenswertes Dies ist die einzige einheimische Wolfsspinne, die ein Fangnetz webt. Das ist allerdings klein und unscheinbar. Es liegt auf Moospolstern, ist trichterförmig und hat am Ende einen engen Gang, der ins Moos hineinführt, wo sich die Spinne aufhält.

Typisch

> sehr große Spinne

> rot-schwarze Unterseite

> in tiefer Wohnröhre

Apulische Tarantel
Lycosa tarentula

Merkmale Eine sehr große Wolfsspinne, deren Weibchen 3 cm groß werden können. Das Männchen ist weißgrau gefärbt, das Weibchen gelbgrau. Der Vorderkörper trägt alternierende hell-dunkle Streifen, der Hinterleib einen dunklen Mittelstreif. Die Bauchseite ist auffallend rot-schwarz gefärbt.

Vorkommen An steinigen, sonnigen Orten mit niedriger Vegetation. Im südlichen Südeuropa weit verbreitet.

Wissenswertes Die Tarantel lebt sehr versteckt in einer bis 30 cm tiefen Erdröhre, die sie nur nachts verlässt, um auf die Jagd zu gehen. Die Röhre ist am Rand umsponnen und daher leicht erkennbar. Die Gefährlichkeit dieser großen Spinne wurde stark übertrieben und die ehemals berüchtigten Bissfälle gehen wohl meist auf Bisse der Schwarzen Witwe zurück. Bei Belästigung nimmt die Tarantel eine Drohhaltung ein, indem sie ihre auffallend gefärbte Bauchseite vorzeigt.

Typisch

> Hinterleib mit schwarz-weißer Zeichnung

> in Steppengebieten

> Südosteuropa

Südrussische Tarantel
Allohogna singoriensis

Merkmale Eine noch größere Wolfsspinne, bei der das Weibchen fast 4 cm Länge erreichen kann. Die Färbung ist graubraun, der Hinterleib trägt in irregulären Querreihen angeordnete dunkle und weißliche Flecke. Auch bei ihr ist der Bauch auffallend gefärbt.

Vorkommen In Steppengebieten mit niedriger und lückenhafter Vegetation. Die Spinne ist über ganz Südosteuropa verbreitet und kam früher bis in die Steppengebiete am Ostufer des Neusiedler Sees vor, wo sie aber inzwischen wohl ausgestorben oder jedenfalls äußerst selten geworden ist.

Wissenswertes Auch diese Art bewohnt eine tief in die Erde reichende Wohnröhre, die aber nicht so sorgfältig ausgesponnen ist wie bei der Apulischen Tarantel. Entsprechend ihrer Größe und Wehrhaftigkeit können Taranteln sehr große Beutetiere überwältigen. Dennoch stellen sie für den Menschen keine Gefahr dar.

Wolfsspinne
Arctosa perita

> auffällig gesprenkelt
> Wohnröhre im Sand
> reine Sandbewohnerin

Merkmale Eine knapp 10 mm erreichende, sehr lebhaft gezeichnete Wolfsspinne, mit sehr eng geringelten Beinen.
Vorkommen Nur auf lockerem, weitgehend vegetationslosen Sandboden, sowohl an der Küste wie an Flussufern, auf Binnendünen, auf sandigen Wegen und sandigen Waldlichtungen. Nach der Roten Liste gefährdet.
Wissenswertes Ein reiner Sandbewohner, dessen gesprenkelte Färbung hervorragend an den Sandboden angepasst ist. Sie bewohnt senkrechte Wohnröhren, in die sie sich bei der kleinsten Erschütterung oder bei Beschattung blitzschnell zurückzieht. Von der Röhre aus, an deren Eingang sie auf der Lauer liegt, führt sie auch ihre raschen Jagdzüge durch. Sowohl für die Überwinterung als auch bei wiederholter Störung verschließt sie die Röhre mit Gespinst und zieht dieses mit den daran haftenden Sandkörnchen zusammen, sodass von der Röhre nichts mehr zu sehen ist.

Luchsspinne
Oxyopes ramosus

> lebhaft gezeichnet
> Beine bestachelt
> in Heidegebieten

Merkmale Die lebhaft gemusterte, mit zahlreichen weißen Haarflecken auf rötlichem Grund gezeichnete, bis fast 10 mm lange Spinne ist leicht erkennbar an ihren geringelten und lang bestachelten Beinen.
Vorkommen An warmen, sonnigen Stellen, bevorzugt in Heidegebieten auf Sandboden. Vor allem in Norddeutschland verbreitet und dort nicht selten. Wegen der weitgehenden Zerstörung der Heidegebiete aber auf der Roten Liste der gefährdeten Tiere.
Wissenswertes Die Luchsspinne gehört zu einer in den Tropen artenreichen Familie, von der nur sehr wenige Arten bei uns, einige mehr auch im Mittelmeerraum vorkommen. Als sonnenliebendes, offenbar gut sehendes Tagtier jagt sie ihre Beute ohne Netz, sondern beschleicht sie, um sie dann plötzlich anzuspringen. Man findet sie nur selten am Boden, sondern vorzugsweise auf niedriger Vegetation, besonders gern im Heidekraut.

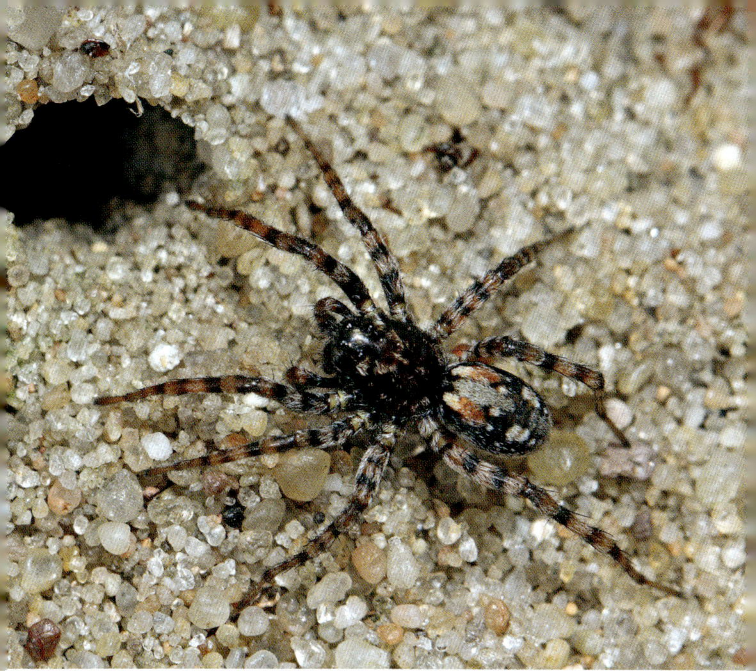

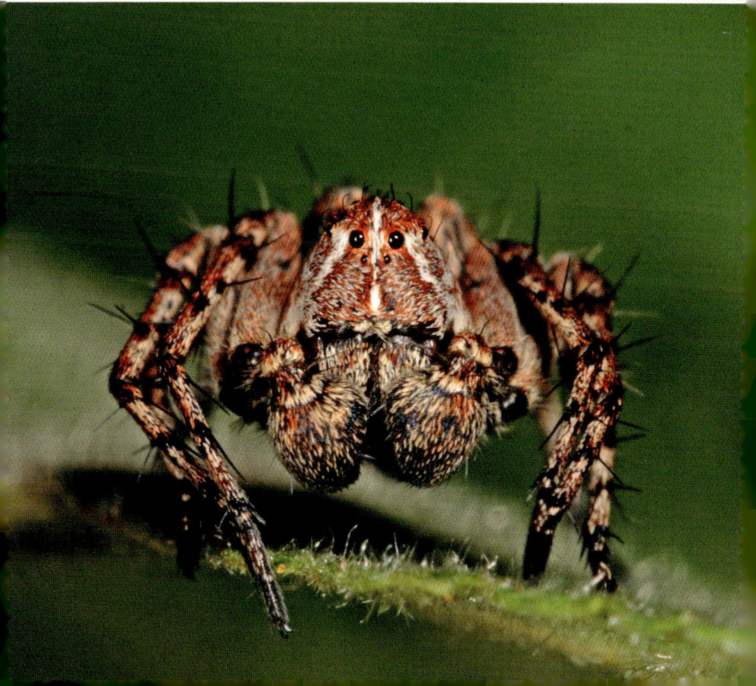

Plattbauchspinne
Drassodes lapidosus

> lang gestreckter Körper
> Wohnsack unter Steinen
> Nachttier

Merkmale Eine große, auffallend schlanke, bis 16 mm lange, ziemlich langbeinige Spinne mit rotbraunem Vorderkörper und einheitlich graubraunem Hinterleib. Die Männchen beitzen auffallend große Cheliceren.

Vorkommen An warmen, offenen, meist recht trockenen Orten unter Steinen. Überall recht häufig.

Wissenswertes Ein Nachttier, das sich unter Steinen ein sackartiges Wohngespinst webt, aber kein Fangnetz besitzt, sondern nachts frei auf dem Boden jagt. Paarung und Eiablage finden im Wohnsack des Weibchens statt. Hier wird auch der Kokon abgelegt.

Plattbauchspinne
Gnaphosa lucifuga

> große, robuste Spinne
> fast einfarbig schwarz
> auf Trockenrasen

Merkmale Mit über 18 mm Länge des Weibchens die größte Art der Plattbauchspinnen. Eine robuste, ziemlich kurzbeinige, einfarbig schwarze Spinne.

Vorkommen An sonnigen, warmen, schütter bewachsenen Stellen, bevorzugt auf Kalkboden in den Mittelgebirgen. Nicht häufig und nach der Roten Liste gefährdet.

Wissenswertes Diese sehr große Spinne ist ebenfalls ein Nachttier, das sich tagsüber unter Steinen verbirgt. Auch diese Art spinnt sich einen Wohnsack unter Steinen, in dem das Weibchen auch seinen Kokon ablegt. Nachts streift sie auf der Jagd frei herum.

Plattbauchspinne
Callilepis schuszteri

> goldene oder silberne Flecken
> Tagtier
> Ameisenjäger

Merkmale Eine kleine, lebhaft gefärbte, bis 7 mm lange Art. Die Färbung ist schwarz, beim Männchen mit goldenen, beim Weibchen silbernen Flecken auf Vorder- und Hinterkörper.

Vorkommen An warmen, wenig bewachsenen Stellen, besonders auf Trockenrasen. Bei uns vor allem im Südosten. Nicht häufig und nach der Roten Liste stark gefährdet.

Wissenswertes Ein Tagtier, das sich ausschließlich von Ameisen ernährt. Die Spinne lauert an Ameisenstraßen oder streift herum, beißt ihr Opfer in die Fühlerbasis und schleppt es anschließend in ihr Versteck, wo sie es verzehrt.

Typisch

> ameisenähnliches Verhalten
> Tagtier
> auf Trockenrasen

Ameisenspinne
Micaria fulgens

Merkmale Eine bis 6 mm lange, am Hinterleib hell beschuppte Art mit rot glänzender Vorderseite der Cheliceren.

Vorkommen An warmen, offenen Stellen, bevorzugt auf Trockenrasen. Überall recht häufig.

Wissenswertes Im Gegensatz zu den meisten Plattbauchspinnen ist die Ameisenspinne tagaktiv. Sie läuft im Sonnenschein ruckartig und sehr flink am Boden, an Felsen und Zaunpfählen herum und kann so leicht mit einer Ameise verwechselt werden. Inwieweit dieses Verhalten dem Schutz vor Fressfeinden dient und nicht der Anpassung an das Verhalten ihrer potenziellen Beutetiere, ist unklar.

Typisch

> dreieckiger Hinterleib
> Farbwechsel
> in Wärmegebieten

Gehöckerte Krabbenspinne
Thomisus onustus

Merkmale Das Weibchen wird bis 10 mm lang, das Männchen kaum 4 mm. Der Hinterleib ist dreieckig, die Färbung ist variabel, von Reinweiß bis Rot, mit oder ohne Zeichnung.

Vorkommen An sonnigen Stellen mit nicht zu niedriger Vegetation, vor allem in Wärmegebieten.

Wissenswertes Die Spinne kann vermutlich ihre Färbung der jeweiligen Blütenfarbe anpassen. Der Farbwechsel, zum Beispiel von Rosa nach Gelb, geht immer nur über eine weiße Zwischenstufe. Die Spinne lauert auf verschiedenen Blüten und greift mit den nach vorn gerichteten vorderen Beinpaaren die Beute.

Typisch

> rot-schwarze Zeichnung
> bevorzugt gelbe und rote Blüten
> bei uns gefährdet

Krabbenspinne
Synaena globosum

Merkmale Eine bis 8 mm lange Krabbenspinne mit einer auffälligen gelb- oder rot-schwarzen Zeichnung auf dem Hinterleib, die aus mehreren unregelmäßigen, dunklen Querstreifen besteht.

Vorkommen Auf Trockenrasen und Ödland, auch an Wegrändern, auf Blüten. Bei uns nur in Wärmegebieten in Süddeutschland, in Südeuropa häufig. Nach der Roten Liste bei uns gefährdet.

Wissenswertes Die Spinne sitzt vorzugsweise auf gelben oder roten Blüten, seltener auf weißen Doldenblüten, und erbeutet dort auch sehr große und wehrhafte Insekten, wie Bienen und Wespen.

Riesenkrabbenspinne
Olios areglasius

Typisch

> sehr lange Beine
> abgeflachter Körper
> in Trockengebieten Südeuropas

Merkmale Eine sehr große Spinne mit langen, seitlich stehenden Beinen. Das Weibchen wird bis 17 mm lang, die ausgestreckten Beine können 15 cm spannen. Der Körper ist abgeflacht, die Färbung rotbraun bis graubraun.

Vorkommen An wenig bewachsenen, trockenen Orten unter Steinen. Im südlichen Südeuropa verbreitet.

Wissenswertes Die Spinne gehört zu einer in den Tropen verbreiteten Famile sehr großer, flinker Spinnen. Das Nachttier hält sich tagsüber in einem Gespinstsack unter Steinen auf und geht nachts auf Jagd. Die Spinne kann auch an sehr glatten senkrechten Flächen laufen.

Springspinne
Aelurillus v-insignitus

Typisch

> v-förmiger Stirnfleck
> sehr sonnenhungrig
> auf unbewachsenem Boden

Merkmale Die Geschlechter dieser bis 7 mm großen Springspinne sind sehr verschieden gefärbt: Das Männchen (links) trägt auf dem Hinterleib einen einfachen weißen Längsstreif, das größere und massigere Weibchen (rechts) besitzt eine komplizierte, blattartige Zeichnung. Der Name kommt vom v-förmigen Stirnfleck des Männchens.

Vorkommen Auf schütter bewachsenen, sehr trockenen Stellen, auch auf Geröll und Dünen. Weit verbreitet und recht häufig.

Wissenswertes Diese Spinne hält sich an sehr offenen Stellen auf. Wie alle Springspinnen zieht sie immer einen Sicherheitsfaden hinter sich her.

Springspinne
Takavera aequipes

Typisch

> sehr kleine Art
> geringelte Beine
> überwintert in Schneckenhäusern

Merkmale Eine der kleinsten einheimischen Springspinnen, denn das Weibchen wird höchstens 3 mm groß, das Männchen ist noch kleiner. Der Körper ist hell und dunkel gesprenkelt, besonders auffallend sind aber die kontrastreich geringelten Beine.

Vorkommen An warmen und trockenen Orten, auf Trockenrasen und grasbewachsenen Sandheiden. Weit verbreitet und häufig.

Wissenswertes Obwohl diese winzige Spinne durchaus häufig ist, macht es einige Mühe, sie zu entdecken. Am einfachsten findet man sie im Winter in leeren Schneckenhäusern, wo sie auch ihren Kokon ablegt.

> größte deutsche Springspinne
> Männchen leuchtend rot
> dem Aussterben nah

Springspinne
Philaeus chrysops

Merkmale Diese größte deutsche Springspinne kann bis 12 mm lang werden. Das Männchen ist mit seinem roten, schwarz gestreiften Hinterleib zugleich die auffälligste Springspinne. Der Hinterleib des unscheinbaren Weibchens dagegen ist an den Seiten nur weißlichgelb gestreift.

Vorkommen Auf sehr warmen Trockenrasen, bei uns nur in Wärmegebieten und nach der Roten Liste vom Aussterben bedroht und geschützt. In Südeuropa häufig und weit verbreitet und in unterschiedlichen Lebensräumen zu finden.

Wissenswertes Diese schönste deutsche Springspinne kommt wohl nur noch sporadisch im Oberrheintal an trockenen, buschreichen Stellen vor. Sie ist im hellen Sonnenschein aktiv, bei schlechtem Wetter zieht sie sich in ein Gespinst unter Steinen zurück. Wie alle Springspinnen fixiert sie ihre Beute mit den großen Mittelaugen und springt sie dann aus geringer Entfernung an.

> gesprenkelte Tarnfärbung
> ausschließlich auf Dünen
> dem Aussterben nah

Springspinne
Yllenus arenarius

Merkmale Diese bis 6 mm große Springspinne ist hervorragend an ihre Umgebung angepasst. Die Grundfarbe ist Gelblich-Braun und der gesamte Körper ist, ebenso wie die Beine, mit zahlreichen hellen und dunklen Punkten gesprenkelt. Das Weibchen ist etwas heller und einheitlicher gefärbt als das Männchen, das in der Mitte undeutlich dunkel längs gestreift ist.

Vorkommen Nur in Sandgebieten, sowohl an der Ostseeküste wie auf Binnendünen. Im nordöstlichen Deutschland, nach Westen zu sehr selten. Nach der Roten Liste vom Aussterben bedroht.

Wissenswertes Diese Spinne lebt offenbar ausschließlich auf Dünen und wurde noch nie in anderen Lebensräumen gefunden. Mit ihrer gesprenkelten Oberfläche ist sie so gut dem Untergrund angepasst, dass sie geradezu unsichtbar wird, wenn sie sich nicht bewegt. Die Spinne ist schon im frühen Frühjahr anzutreffen, wenn es das Wetter erlaubt.

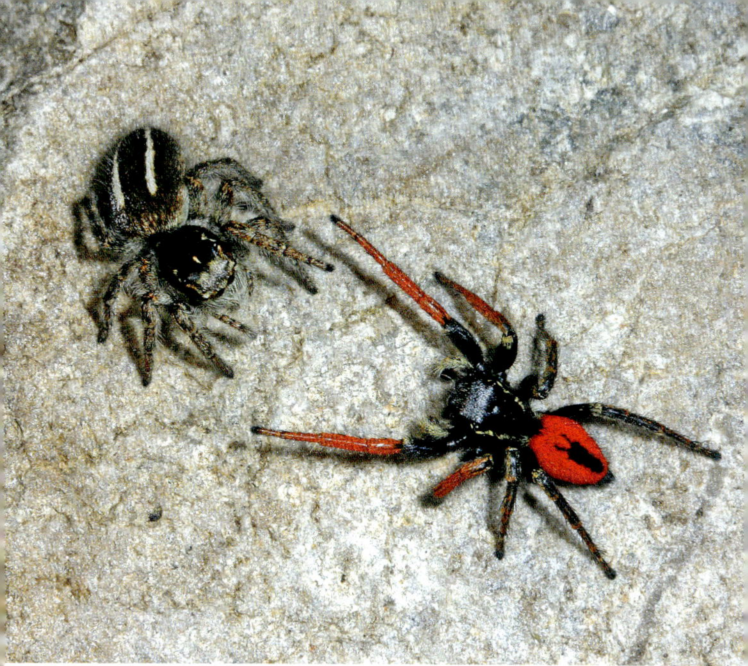

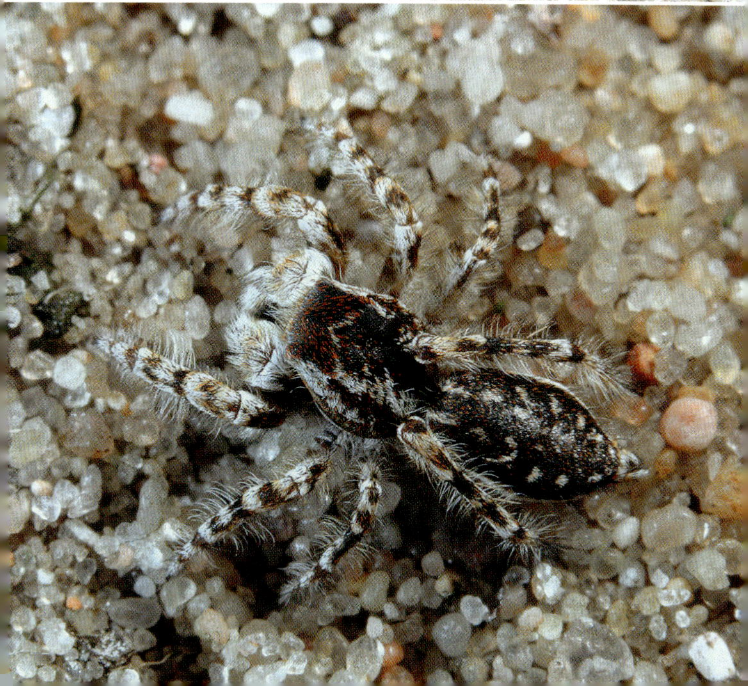

Typisch

> sehr kleine Art
> Netz unter Blättern
> Kräuselfäden

Kräuselspinne
Dictyna uncinata

Merkmale Die sehr kleine, nur bis 3,5 mm große Kräuselspinne besitzt einen rundlichen Hinterleib, der auf hellbraunem oder gelblichem Grund vorn einen dunklen Mittelfleck trägt, dahinter befinden sich einige Winkelflecken. Die Beine sind nicht geringelt.
Vorkommen An buschigen Wegrändern, in Gärten, auf buschreichen Wiesen, besonders häufig an Waldrändern. Weit verbreitet und überall häufig.
Wissenswertes Im Unterschied zu den meisten anderen Kräuselspinnen legt diese Art ihr unordentliches Fangnetz besonders gern an die Ober- oder Unterseite größerer Blätter an und bevorzugt dafür anscheinend Eichenblätter. Seitlich ist das Netz mit Fangfäden versehen, die mit Kräuselwolle belegt sind. In der Mitte ist es zu dem Schlupfwinkel verdichtet, in dem die Spinne lauert. Es ist erstaunlich, welch große Beutetiere mit einem derartigen Netz gefangen werden können.

Typisch

> kugeliger Hinterleib
> Ameisenjäger
> in Sandgegenden

Ameisenjäger
Zodarion germanicum

Merkmale Eine kleine, bis 5 mm lange, schwarze oder schwarzbraune Spinne mit helleren Beinen und auffallend hohem, runden Hinterleib.
Vorkommen Vor allem in sandigen Gegenden, am Rand von Kiefernwäldern, aber auch auf Trockenrasen. Nicht häufig und vor allem in Wärmegebieten. Nach der Roten Liste gefährdet.
Wissenswertes Eine spezialisierte Ameisenjägerin, die man daher auch nur in der Nähe von Ameisennestern oder Ameisenstraßen findet. Auch ihr Wohngespinst liegt in der Nähe von Ameisennestern. Die Spinne beißt ihre Beute immer blitzschnell von hinten, lässt sie dann los und wartet, bis das Gift gewirkt hat. Dann zieht sie die tote Ameise in ihr Versteck. Das ist eine geschlossene Gespinstkugel, die außen mit Sandkörnern oder anderen Gegenständen getarnt ist. Die Jagd scheint nicht ungefährlich zu sein, denn man findet nicht selten nur mehr 6- oder gar 5-beinige Spinnen.

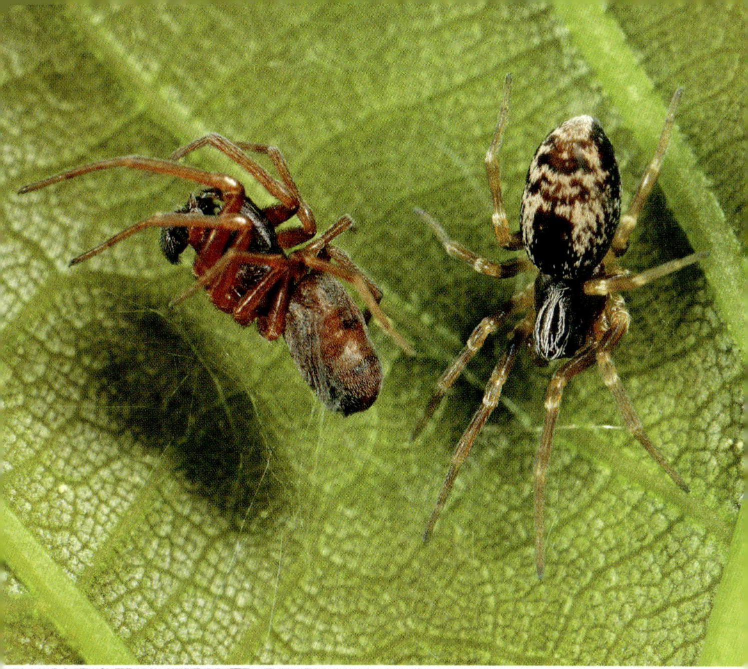
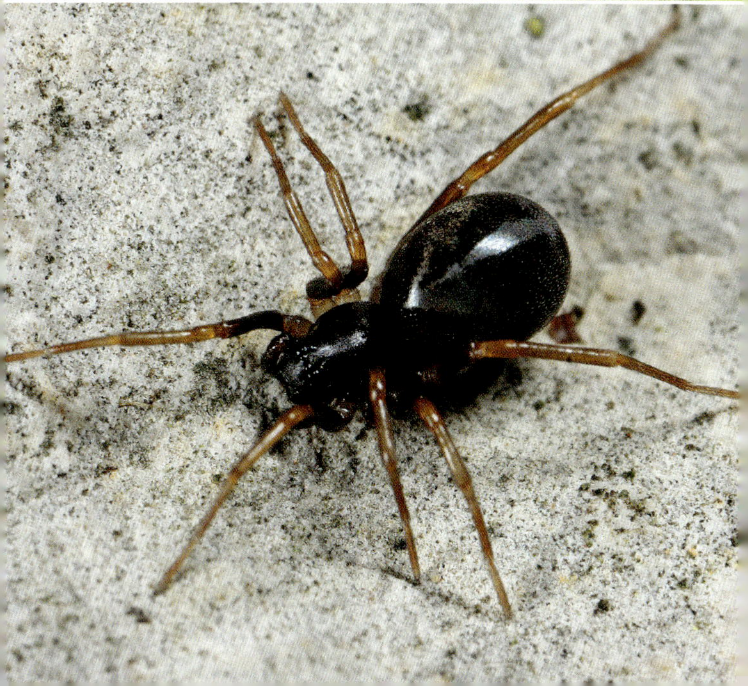

> winzige Art
> Netz unter Eichenblättern
> zackiger Eikokon

Kugelspinne
Paidiscura pallens

Merkmale Das winzige, nur bis 1,7 mm lange Tierchen besitzt einen kugeligen, gelblichen Hinterleib mit einem komplizierten Muster aus dunklen Flecken.
Vorkommen An Waldrändern, bevorzugt an Eichen, aber auch an Nadelbäumen. Weit verbreitet und ziemlich häufig.
Wissenswertes Das weitmaschige, unregelmäßige, mit nach unten hängenden Klebefäden versehene Deckennetz wird an der Unterseite von Eichenblättern angelegt. Auffälliger als die Spinne selbst ist der schneeweiße Eikokon. Er ist viel größer als die Spinne und mit mehreren zackigen Fortsätzen ausgestattet.

> sehr kleine Art
> gepunkteter Hinterleib
> Netz in Bodennähe

Kugelspinne
Crustulina guttata

Merkmale Mit nur 2 mm Länge eine der kleinsten Kugelspinnen. Auffällig sind der stark gehöckerte Vorderkörper, die drei Reihen heller Flecken auf dem Hinterleib und die rot-schwarz geringelten Beine.
Vorkommen An sonnigen Waldrändern, auf Waldlichtungen, in der Laubschicht, auch an überhängenden Felsen. Weit verbreitet und recht häufig.
Wissenswertes Das Deckennetz wird dicht über dem Boden errichtet, an ihm sind die nach unten laufenden Fangfäden befestigt, die am Ende mit Klebetröpfchen besetzt sind. Im Netz wird auch der Eikokon aufgehängt.

> Hinterleib marmoriert
> Netz in Bodennähe
> Winterart

Baldachinspinne
Stenonymphantes lineatus

Merkmale Das Weibchen wird bis 6 mm lang, das Männchen bleibt etwas kleiner. Vorderkörper mit dunklem Seitenrand und schmalem, dunklem Längsband, Hinterleib weißlich marmoriert mit einem schmalen, gezackten, dunklen Mittelstreif und ebensolchen Seitenstreifen.
Vorkommen In lichten Wäldern und an Waldrändern, in Bodennähe auf niedriger Vegetation oder auf niedrigem Gebüsch.
Wissenswertes Das Baldachinnetz wird meist dicht am Boden gebaut, zuweilen unter Steinen oder Holz. Dies ist eine Winterart, von der man erwachsene Tiere das ganze Jahr hindurch antreffen kann.

Typisch

> Radnetz mit offener Nabe
> an Waldrändern
> sehr häufig

Herbstspinne
Meta segmentata

Merkmale Mit bis 9 mm Länge eine relativ kleine netzbauende Spinne. Der Hinterleib ist weißlich oder gelblich mit rötlicher Blattzeichnung.

Vorkommen An sonnigen Waldrändern, auf sonnigem Ödland, in Gärten, aber auch auf Waldlichtungen. Überall sehr häufig.

Wissenswertes Im Gegensatz zu den echten Radnetzspinnen hat das Netz der Herbstspinne eine offene Nabe, in der sich die Spinne tagsüber aufhält. Meistens wird das Netz ziemlich dicht über dem Boden angelegt und ist oft etwas schräg. Wie der deutsche Name sagt, ist die Spinne ein Herbsttier.

Typisch

> breiter, behaarter Hinterleib
> körbchenförmige Sitzwarte
> an sonnigen Waldrändern

Körbchenspinne
Agalenatea redii

Merkmale Eine bis 8 mm große Radnetzspinne mit breitem, dicht behaartem Hinterleib, der eine sehr variable, aber immer auffällige Zeichnung aus schwarzen, weiß eingefassten Längs- und Querstreifen trägt.

Vorkommen An trockenen, besonnten Weg- und Waldrändern, auf Ödland und Waldlichtungen. Recht häufig.

Wissenswertes Das ziemlich kleine Radnetz befindet sich meist zwischen abgestorbenen, vorjährigen Pflanzen. Die Spinne selbst lauert meistens in einer körbchenähnlichen, oben offenen, gesponnenen Sitzwarte, die ihr ihren deutschen Namen gegeben hat.

Typisch

> Hinterleib gehöckert
> Höcker weiß eingefasst
> an sonnigen Wegrändern

Radnetzspinne
Gibbarena bituberculata

Merkmale Die bis 10 mm lange Spinne fällt durch ihre Höcker am Vorderrand des schildförmigen Hinterleibs auf. Dieser ist hinter den Höckern weiß quer gestreift und trägt dahinter ein blattförmiges, weiß eingefasstes Muster.

Vorkommen An besonnten Wegrändern, an Waldrändern, auf Trockenrasen und in Heiden. Ziemlich selten und nur in Wärmegebieten.

Wissenswertes Das kleine Radnetz wird meistens schräg in Bodennähe zwischen Zweigen von Sträuchern angelegt. Die Spinne selbst sitzt unter der Nabe oder lauert in der Nähe und hält mit einem Signalfaden Kontakt zu ihrem Netz.

Listspinne
Pisaura mirabilis

Merkmale Die kleinste Vertreterin der Raubspinnen, dennoch eine große Spinne, denn das Weibchen wird bis 15 mm groß. Vorderkörper mit undeutlichem dunklen, in der Mitte hellerem Längsband, Hinterleib lang und schlank, seitlich hell, mit zahlreichen Winkelflecken. Sehr langbeinig.

Vorkommen An sonnigen Waldrändern und Waldwegen, auch auf dichter bewachsenem Trockenrasen. Weit verbreitet und häufig.

Wissenswertes Vor allem im Frühjahr kann man diese sehr raschen, frei jagenden Spinnen beim Sonnenbad auf Blättern beobachten, wo sie mit kreuzförmig ausgestreckten Beinen sitzen. Im Gegensatz zu den Wolfsspinnen tragen die Weibchen der Raubspinnen ihren Kokon zunächst mit den Cheliceren mit sich herum. Später wird er in einem kuppelförmigen Gespinst dicht über dem Boden befestigt, aus dem die Jungspinnen ausschlüpfen. Sie werden noch ein Zeit lang vom Weibchen bewacht.

Wolfsspinne
Trochosa terricola

Merkmale Eine große Wolfsspinne, deren Weibchen 14 mm Länge erreichen können. Vorderkörper mit charakteristisch eingeschnürtem, hellem Längsband, das vorn zwei kleine dunkle Flecken einschließt; Hinterleib undeutlich längs und quer gefleckt.

Vorkommen An etwas beschatteten Stellen, an Waldrändern, auf Waldlichtungen, auch auf Trockenrasen. Weit verbreitet und überall sehr häufig.

Wissenswertes Vorzugsweise ein Nachttier, das sich tags unter Steinen, meist in einer länglichen, flachen Grube aufhält. Dort findet auch die Eiablage statt. Bei dieser Art, ebenso wie bei ihren Gattungsverwandten, scheinen die Männchen entweder viel seltener zu sein als die Weibchen, oder sie führen eine Lebensweise, infolge derer man sie nur selten zu Gesicht bekommt. Männchen findet man auch nur im Herbst und Frühjahr, die Weibchen dagegen das ganze Jahr hindurch.

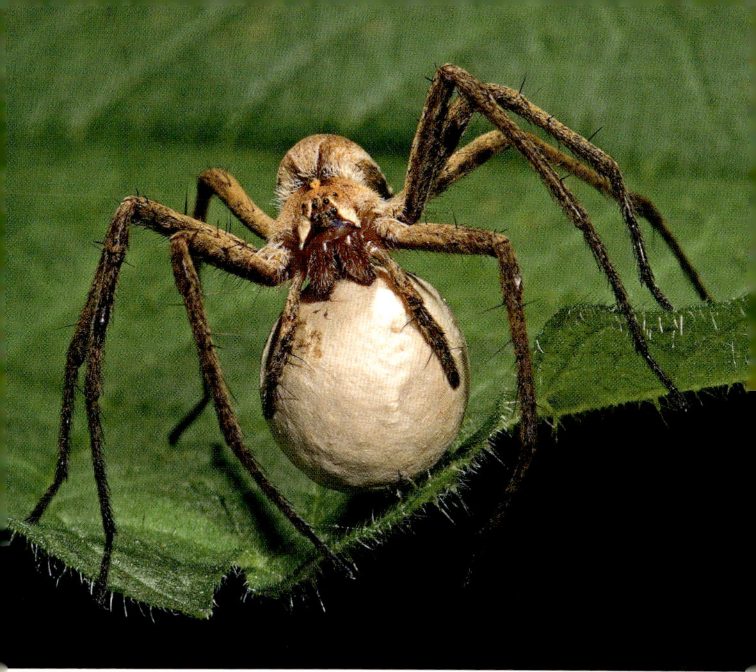

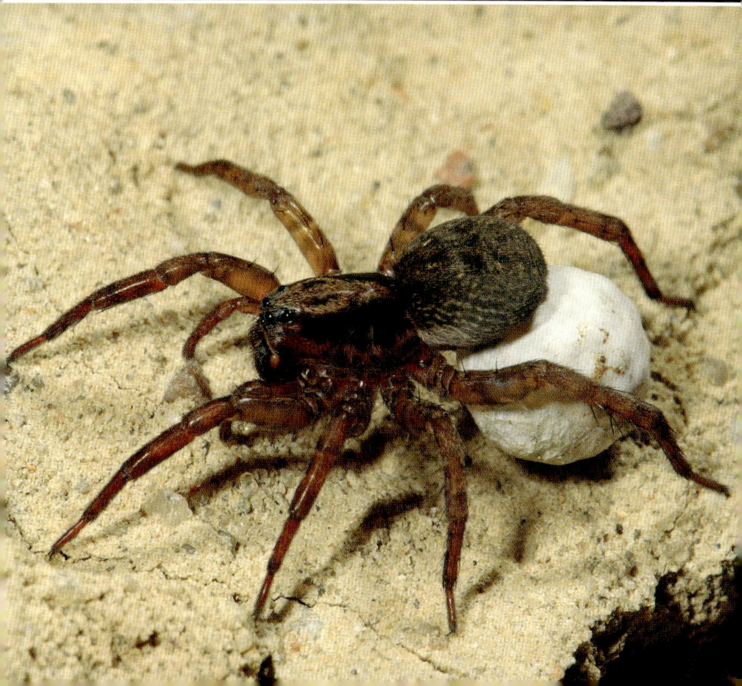

Waldränder

Wolfsspinne
Xerolycosa nemoralis

Typisch

> rötlicher Hinterleib
> Tagtier
> an sonnigen Waldrändern

Merkmale Mit nur bis 7 mm Länge eine der kleineren Wolfsspinnen. Der Vorderkörper ist dunkel mit einem breiten, gelblichroten Mittelband, der rötliche Hinterleib trägt mehrere Winkelflecken. Die Beine sind unregelmäßig geringelt,
Vorkommen An trockenen, sonnigen Waldrändern, auch auf sonnigen Waldlichtungen. Weit verbreitet und ziemlich häufig.
Wissenswertes Ein Tagtier, das gern auf offenen, besonnten, nicht zu dicht bewachsenen Stellen herumläuft. Wie fast alle Wolfsspinnen spinnt sie kein Netz, sondern jagt frei am Boden laufend. Mindestens die tagaktiven Arten spüren ihre Beute, etwa Fliegen, Käfer, kleine Heuschrecken, mit Hilfe des Gesichtssinnes auf, und tatsächlich sehen die Wolfsspinnen recht gut, was man leicht durch Handbewegungen oder Schattenwurf prüfen kann. Dafür sind wohl besonders die recht großen hinteren Mittel- und Seitenaugen verantwortlich.

Wolfsspinne
Alopecosa cuneata

Typisch

> Hinterleib mit Spießfleck
> Männchen mit verdickten Schienen
> kurze Wohnröhren

Merkmale Mit gut 8 mm Länge eine relativ kleine Wolfsspinne. Sie ist leicht an dem gelb eingefassten Spießfleck an der Basis des Hinterleibs erkennbar. Beim Männchen sind die Schienen des ersten Beinpaares auffällig verdickt und schwarz.
Vorkommen An trockenen, sonnigen Wald- und Wegrändern, auch auf sandigen Trockenrasen. Weit verbreitet und recht häufig.
Wissenswertes Diese Art bewohnt kurze Röhren im Boden, bevorzugt auf Sandgrund. Die auffällig gefärbten, verdickten Vorderschienen spielen bei der Balz eine Rolle, bei der sich die Männchen den Weibchen mit hoch erhobenen Vorderbeinen präsentieren. Da alle Wolfsspinnen Räuber sind und ohne Weiteres ihre Artgenossen verspeisen, sind solche Balzrituale wichtig, um die durchweg größeren und stärkeren Weibchen paarungsbereit zu machen und ihnen zu signalisieren, dass es nicht ums Fressen geht.

> rötliche Färbung
> gestielter Kokon
> kein Wohnsack

Feenlämpchenspinne
Agroeca brunnea

Merkmale Eine bis 9 mm lange, in die nähere Verwandtschaft der Sackspinnen gehörige Spinne, die ihren Namen nach dem auffälligen, an Pflanzen aufgehängten Eikokon erhalten hat. Die rötliche Spinne trägt auf dem Hinterleib mehrere schmale, etwa w-förmige Streifen.

Vorkommen An und in Wäldern, auf Wiesen, Ödländern, Trockenrasen, aber auch in relativ feuchten Lebensräumen. Weit verbreitet und häufig.

Wissenswertes Nur direkt nach dem Bau des Eikokons ist dieser, das „Feenlämpchen", schön weiß gefärbt, denn in der nächsten Nacht verkleidet die Spinne den Kokon mit Erde oder Lehm. Man findet die Lämpchen im Spätsommer mit einem Stiel an niedrige Pflanzen angeheftet. Der Kokon besteht aus zwei Etagen, oben befinden sich die Eier, im unteren Stock halten sich die Jungspinnen nach dem Schlüpfen auf. Die Spinne selbst verbirgt sich unter Steinen oder im Moos.

> grüner Vorderkörper
> Männchen mit rotem Mittelstreif
> auf grünen Pflanzen

Grüne Huschspinne
Micromata virescens

Merkmale Eine große, bis 15 mm messende, langbeinige grüne Spinne, bei uns die einzige Vertreterin einer vorwiegend tropischen Familie, die in den Tropen erstaunlich große und sehr langbeinige Vertreter hervorbringt, die sogenannten „Bananenspinnen". Das Männchen fällt durch seinen weißlich-gelben Hinterleib mit dem leuchtend roten Mittelstreif auf, das Weibchen ist unscheinbarer gefärbt und hat einen grünlichen, kaum gestreiften Hinterleib.

Vorkommen An warmen Waldrändern, in offenen Laufwäldern und auf buschreichen Trockenrasen. Vor allem in Süddeutschland nicht selten.

Wissenswertes Eine sehr rasche, tagaktive, frei jagende Spinne, die in der Vegetation nur sehr schwer zu entdecken ist. Das Weibchen errichtet für die Eiablage eine aus versponnenen Blättern bestehende Eikammer dicht über dem Boden, in die es die gleichfalls grün gefärbten Eier ablegt.

Sackspinne
Clubiona corticalis

> Dunkler Mittel-
streif auf dem
Hinterleib
> an Kiefern
> Gespinstsäcke
unter Rinde

Merkmale Die grosse, bis 11 mm lange Sackspinne hat
einen rotbraunen Vorderkörper und einen grauen Hinterleib mit einem dunklen Mittelstreifen auf weisslichem
Grund. Die Chelizeren sind auffallend dunkel gefärbt.
Vorkommen An Waldrändern und in offenen Wäldern,
besonders an Nadelbäumen unter Rinde, besonders auf
Sandboden. Weit verbreitet, aber nicht häufig.
Wissenswertes Die Gespinstsäcke werden vorzugsweise
unter der lockeren Rinde von Kiefern angelegt. Sie werden vom Weibchen solange bewacht, bis die Jungspinnen schlüpfen. Daher kommt der Name „Sackspinnen".

Springspinne
Marpissa muscosa

> große, gespren-
kelte Art
> geringelte Beine
> an Holzstruk-
turen

Merkmale Mit bis 11 mm Länge des Weibchens eine der
größten einheimischen Springspinnen. Oberseite auf bräun-
lichem Grund hell gesprenkelt, unterhalb der Augen mit
auffälligem gelben Querstreif, mit eng geringelten Beinen.
Vorkommen An Waldrändern, an Weidezäunen und
Holzverkleidungen. Weit verbreitet und recht häufig.
Wissenswertes Die Spinne hält sich vorzugsweise an
Baumstämmen und sonstigen Holzstrukturen auf und
spinnt sich ihren Wohnsack in Spalten und Ritzen. Bei
dichter Besiedlung wird die Rangordnung durch Über-
und Unterlegenheitsgesten ausgefochten.

Springspinne
Evarcha falcata

> Männchen
kontrastreich
gefärbt
> an Waldrändern
> auf niedrigen
Pflanzen

Merkmale Das Männchen dieser bis 8 mm langen Springspinne hat einen auffällig gezeichneten Vorderkörper: die
vordere Hälfte ist grau, die hintere schwarz, aber mit einem
stark kontrastierenden weißen Seitenstreif. Die Beine sind
geringelt. Das Weibchen ist viel unscheinbarer gefärbt.
Vorkommen An sonnigen Waldrändern und auf Waldlichtungen, eine der häufigsten Springspinnen.
Wissenswertes Diese Spinne findet man meist auf niedriger Vegetation, wo sie geschickt herumspringt. Besonders im späten Frühjahr ist sie an Waldwegen häufig zu
beobachten.

> Hinterleib vorn mit dunklem Fleck
> Netz mit Kräuselfäden
> unter Kiefernrinde

Finsterspinne
Amaurobius fenestralis

Merkmale Eine mittelgroße, etwa 8 mm lange, vorn rot-braun gefärbte Spinne, die an der Basis des rötlichen oder braunen Hinterleibs einen hinten erweiterten dunklen Fleck trägt.

Vorkommen In Wäldern, vor allem in Kiefernwäldern, an und unter Rinde. Aber auch unter Steinen am Boden und in Felsritzen. Überall häufig.

Wissenswertes Das Trichternetz dieser Spinne ist mit Kräuselwolle belegt und befindet sich meist auf der losen Borke abgestorbener Bäume oder an Felsen. Von der Mitte aus führt eine Röhre zum Schlupfwinkel unter der Rinde oder in Felsspalten, in der die Spinne tagsüber lauert. Darin wird auch der Eikokon abgelegt, der vom Weibchen bewacht wird. Im Winter kann man im Schlupfwinkel neben der Mutter auch zahlreiche frisch geschlüpfte und noch hellgelbe Jungtiere finden, die gemeinsam überwintern und schließlich ihre tote Mutter aussaugen.

> gewölbter Hinterleib
> dreieckiges Kräuselradnetz
> Signalfaden

Dreieckspinne
Hyptiotes paradoxus

Merkmale Die bis 6 mm lange Spinne ist leicht kenntlich an dem hohen, buckligen Hinterleib. Die Färbung ist außerordentlich variabel, einfarbig grau oder rötlich oder mit sehr verschiedenartiger Fleckung.

Vorkommen Fast ausschließlich in Fichtenwäldern, wo die Spinne sich auf den unteren Zweigen aufhält. Mit der Ausbreitung der Fichtenwälder ist sie inzwischen ziemlich häufig geworden.

Wissenswertes Der Name dieser Kräuselradnetzspinne bezieht sich auf das dreieckige Netz, das nur aus drei Sektoren besteht und von der Spinne an einem Signalfaden mit den Vorderbeinen gehalten wird. Die Spinne selbst bildet mit einem weiteren Faden eine Brücke zwischen dem Netz und einem Zweig. Gerät ein Beutetier ins Netz, seilt sich die Spinne sozusagen ab, indem sie ihren Haltefaden verlängert. Durch den Zug klappt das Netz zusammen und umschließt die Beute.

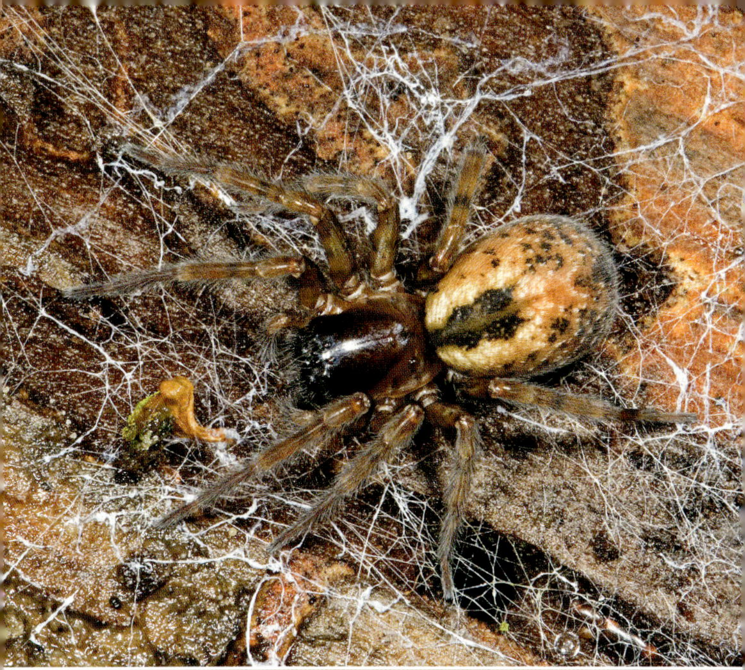

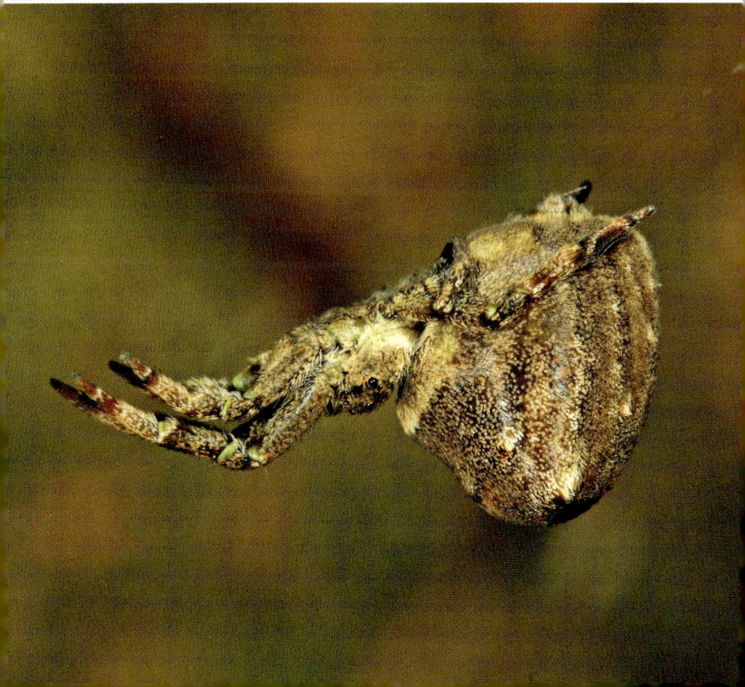

Zeltdachspinne
Uroctea durandi

> Hinterleib mit 5 gelben Flecken
> zeltartiges Wohngespinst
> Südeuropa

Merkmale Die große, bis 16 mm lange Spinne ist schwarz und fällt durch die fünf leuchtend gelben Flecken auf dem Hinterleib auf. Die Männchen sind weit kleiner.

Vorkommen In lichten Wäldern, aber auch auf steinigem Ödland sowie an Mauern und verfallenen Häusern. In Südeuropa verbreitet und ziemlich häufig.

Wissenswertes Der Name dieser Spinne bezieht sich auf das Wohngespinst, das meist unter flachen Steinen angelegt wird. Es gleicht einem flachen, runden Zirkuszelt mit sechs bogenförmigen Eingängen, von denen je zwei Signalfäden in die Umgebung führen. Berührt ein Beutetier einen Signalfaden, stürzt die Spinne blitzschnell aus dem entsprechenden Eingang heraus, umspinnt die Beute und zerrt sie in ihr Zelt hinein. Dies geschieht außerordentlich zielsicher und geradezu überfallartig. Erstaunlicherweise „irrt" sich die Spinne dabei so gut wie nie.

Kräuseljagdspinne
Zoropsis spinimana

> Kräuselspinne ohne Fangnetz
> nachtaktive Jägerin
> Südeuropa

Merkmale Das Weibchen dieser Kräuselspinne wird bis 15 mm lang, das Männchen bis 10 mm. Sowohl Körperform wie Zeichnung erinnern sehr an die der Wolfsspinnen. Der Vorderkörper der grau gefärbten Spinne trägt einen dunklen Mittelfleck, der ein helles Muster umschließt, der graue Hinterleib eine dunkle Doppelraute an der Basis. Die Beine sind auffallend geringelt.

Vorkommen In Wäldern, häufig an Rinde, aber auch am Boden unter Steinen. In Südeuropa verbreitet und recht häufig.

Wissenswertes Obgleich diese Spinne zu den Kräuselspinnen gehört, webt sie kein Fangnetz, sondern geht nachts wie die Wolfsspinnen auf Jagd. Von diesen kann man sie durch die abweichende Augenstellung unterscheiden sowie durch den Besitz des Cribellum, der Siebplatte, mit der die Kräuselfäden ausgeschieden werden. Diese werden hauptsächlich zur Herstellung des Eikokons benutzt.

Fischernetzspinne
Segestria senocula

Merkmale Die Färbung der bis 10 mm langen Spinne ist charakteristisch: Der Vorderkörper ist rotbraun, der Hinterleib hellgrau mit einer Kette miteinander verbundener dunkler Flecke auf der Mitte.
Vorkommen In Wäldern, vor allem an Kiefern, auch in Felsnischen.
Wissenswertes Die nur sechs Augen besitzende Spinne spinnt einen bis 5 cm langen Schlauch in der Rinde oder in Felsspalten, mit einem offenen Trichter am Ende, von dem aus schwer sichtbare Signalfäden ausstrahlen. Nachts lauert die Spinne an der Trichtermündung auf Beutetiere, die über die Signalfäden stolpern.

Kugelspinne
Achaearanea tepidariorum

Merkmale Eine der größten Kugelspinnen bei uns, das Weibchen wird bis 7 mm lang. Der Hinterkörper ist sehr kugelig, höher als lang, hellgrau oder gelblich mit dunklen Flecken, die Beine sind geringelt.
Vorkommen In wärmeren Gebieten in Wäldern an Baumstämmen, aber auch an Mauern und in beheizten Gebäuden, Gewächshäusern und Kellern.
Wissenswertes Diese Spinne stammt ursprünglich aus den Tropen und breitet sich bei uns anscheinend rasch aus. Von dem recht großen, locker teppichartigen Netz hängen die an ihrem Ende mit Klebetröpfchen besetzten Fangfäden herab.

Baldachinspinne
Floronia bucculenta

Merkmale Die bis 5 mm lange Spinne fällt durch den hohen dreieckigen Hinterleib auf, das Männchen auch durch den buckelig erhöhten, behaarten Kopf. Der Vorderkörper ist rötlich mit dunklen Seitenstreifen, der Hinterleib ist weißlich gesprenkelt.
Vorkommen In feuchten Wäldern, gern in Auwäldern, in der Krautschicht, recht häufig.
Wissenswertes Das teppichartige Fangnetz liegt in bodennaher Vegetation, weist aber keine Stolperfäden auf. Wie die meisten Baldachinspinnen hängt die Spinne bauchoben unter dem Netz und ist durch ihre „Verkehrtfärbung" gut getarnt.

Typisch

> Färbung
  rotbraun
> in Wäldern in
  Bodennähe
> Winterart

Baldachinspinne
Leptyphantes cristatus

Merkmale Eine winzige, höchstens 2,5 mm lange Baldachinspinne. Der Vorderkörper ist braun, der Hinterleib dunkelbraun mit einer weißlichen Längsbinde.
Vorkommen In Wäldern, auch auf Wiesen, am Boden in niedriger Vegetation und im Moos. Überall häufig.
Wissenswertes Diese Spinne gehört zu den Winterarten, und man kann ihre kleinen Netze selbst im Schnee finden, etwa in angetauten Löchern der Schneedecke oder in Wildspuren. Dort fängt sie Springschwänze und andere kleine winteraktiven Insekten. An sonnigen Tagen kann man sie selbst auf Schnee herumlaufen sehen.

Typisch

> winzige Spinne
> Baldachinnetz
> feuchte Wälder

Baldachinspinne
Bathyphantes gracilis

Merkmale Eine weitere der zahlreichen, sehr kleinen Baldachinspinnen. Diese Art wird nur etwa 2,5 mm lang, sie ist dunkelbraun mit undeutlicher, leiterförmiger Zeichnung auf dem Hinterleib.
Vorkommen An schattigen, recht feuchten Orten, in Wäldern, auf Wiesen, an schattigen Waldrändern, sogar in Höhlen.
Wissenswertes Die Spinne errichtet ein kleines Baldachinnetz in niedriger Vegetation, unter dem sie bauchoben hängend auf winzige Insekten, etwa Springschwänze lauert. Derartige winzige Baldachinspinnen sind bei uns sehr artenreich, aber schwer unterscheidbar.

Typisch

> rot-schwarze
  Färbung
> Männchen mit
  Kopffortsatz
> Winterart

Zwergspinne
Walckenaera acuminata

Merkmale Mit bis 3,5 mm Länge eine der größten Zwergspinnen. Der Vorderkörper ist rotbraun, der Hinterleib schwärzlich, die Beine sind rötlich. Die Männchen besitzen einen stielförmigen Kopffortsatz, der in der Mitte und an der Spitze jeweils vier Augen trägt.
Vorkommen In Wäldern, in bodennaher Vegetation und in der Bodenstreu. Überall ziemlich häufig.
Wissenswertes Über die Bedeutung der eigenartigen, von Art zu Art unterschiedlichen Kopffortsätze der Männchen weiß man wenig, vermutlich sind sie bei der Paarung von Bedeutung. Ebenfalls eine Winterart.

Gehörnte Kreuzspinne
Araneus angulatus

Typisch

> sehr groß
> Hinterleib seitlich gehöckert
> in Kiefernwäldern

Merkmale Mit bis 18 mm Länge der Weibchen eine der größten einheimischen Kreuzspinnen. Leicht erkennbar an dem seitlichen Höcker am Hinterleib. Die Färbung ist sehr variabel, immer mit mehreren hellen Flecken, aber niemals mit einer deutlichen Kreuzzeichnung.
Vorkommen In lichten Wäldern, auf Waldlichtungen, an Waldwegen, besonders in Kiefernwäldern. Nicht häufig und nach der Roten Liste gefährdet.
Wissenswertes Das Netz hängt immer an einem langen Brückenfaden zwischen zwei Bäumen oder Sträuchern, an dessen oberen Ende auch die nachtaktive Spinne sitzt.

Radnetzspinne
Atea triguttata

Typisch

> breiter Hinterleib
> rötliche Färbung
> in Wärmegebieten

Merkmale Eine der kleineren Radnetzspinnen. Das Weibchen wird bis 6 mm lang, das Mänchen gut 4 mm. Sie ist an dem breiten Hinterleib und seiner rötlichen Färbung erkennbar. Der Hinterleib vorn mit einer Linie weißlicher Punkte, hinten mit verwaschenen, dunklen Flecken.
Vorkommen In lichten Laubwäldern, auf Waldlichtungen, an Waldwegen. Nicht häufig und nur in wärmeren Gegenden.
Wissenswertes Das kleine Radnetz wird zwischen Zweigen ausgespannt. Die Spinne wohnt und überwintert in einem zusammengerollten und versponnenen Blatt.

Konusspinne
Cyclosa conica

Typisch

> konischer Hinterleib
> regelmäßiges Radnetz
> Stabiliment

Merkmale Der Hinterleib dieser mittelgroßen, etwa 7 mm langen Spinne ist oberseits in einen Höcker verlängert. Die Färbung ist sehr variabel, oft ganz dunkel oder mit ausgedehnter weißer Fleckung.
Vorkommen In Nadelwäldern, auch an Waldwegen und auf Trockenrasen. Überall häufig.
Wissenswertes Das sehr regelmäßige, sektorenreiche Netz enthält in der Mitte ein dicht gesponnenes senkrechtes Band (Stabiliment), auf dem die Spinne gern sitzt und nicht leicht erkennbar ist. Bei Störungen versetzt sie das Netz in Schwingungen, sodass ihre Umrisse verschwimmen.

Typisch

> Vorderbeine bestachelt
> Spinnenfresser
> brauner, hängender Kokon

Spinnenfresser
Ero furcata

Merkmale Eine kleine, bis 4 mm lange Spinne mit zwei rundlichen Höckern auf dem kugelförmigen Hinterleib. Vorder- und Hinterkörper sind vielfach gefleckt und die Beine sind geringelt. Die beiden vorderen Beinpaare sind auffallend bestachelt.
Vorkommen In Wäldern aller Art, aber bevorzugt in Nadelwäldern, auch an Waldrändern und auf buschreichen Heiden. Überall häufig.
Wissenswertes Ein spezialisierter Spinnenfresser. Tagsüber sitzt die Spinne mit angezogenen Beinen auf Zweigen und ist dann kaum zu erkennen. Nachts nähert sie sich den Netzen von Kugelspinnen, zupft daran und beißt die sich nähernde und ein Beutetier vermutende Spinne blitzschnell in ein Bein. Das Gift wirkt sehr rasch und das Opfer kann ausgesaugt werden. Während die Spinne selbst nicht leicht zu finden ist, sind die braunen, an einem Faden an Zweigen aufgehängten Eikokons sehr auffällig.

Typisch

> gefleckte Oberseite
> in dunklen Wäldern
> Trichternetz am Waldboden

Trichterspinne
Tegenaria silvestris

Merkmale Eine kleine Trichterspinne, deren Weibchen höchstens 9 mm lang werden. Die Färbung ist kontrastreich, hellbraun mit zahlreichen dunklen Flecken auf dem Hinterleib. Der Vorderkörper trägt einen in der Mitte eingeschnürten, hellen Mittelstreif. Die Beine sind geringelt.
Vorkommen In dichten Wäldern, am Boden unter Steinen, Holz und Baumwurzeln, auch am Eingang von Höhlen. Vor allem im Bergland. Im Gegensatz zu den meisten ihrer Verwandten nicht in Häusern.
Wissenswertes Das Trichternetz wird zwischen Steinen, an Wurzeln oder in der Bodenstreu angelegt und die Spinne hält sich tagsüber am Ende des Netzes in ihrer dicht gesponnenen Wohnröhre auf. Nachts kommt sie heraus, setzt sich auf das Netz und lauert dort auf kleine, am Boden laufende Insekten, Asseln und Tausendfüßer, die sie anhand der Erschütterungen auf der Netzdecke exakt lokalisieren kann.

Typisch

> kleine Trichter-
  spinne
> in Laub- und
  Nadelwäldern
> kleines Trichter-
  netz am Boden

Trichterspinne
Histopona torpida

Merkmale Mit nur 7 mm Länge eine der kleinsten Trich-
terspinnen. Der Vorderkörper ist seitlich dunkelbraun,
in der Mitte mit hellem Streifen, der Hinterkörper weist
helle Winkelflecken auf dunkelbraunem Grund auf.
Vorkommen In Laub- und Nadelwäldern, am Boden
unter Steinen und Wurzeln. Weit verbreitet und überall
recht häufig.
Wissenswertes Das kleine, unscheinbare Trichternetz
liegt am Boden, zwischen Steinen oder Baumwurzeln.
Die Wohnröhre führt häufig unter Steine, weshalb die
Spinne nicht leicht zu entdecken ist. Während der Paarungszeit im Sommer suchen die Männchen die Röhren
der Weibchen auf. Das paarungsbereite Weibchen legt
die Beine an und lässt sich vom Männchen zur Öffnung
der Röhre zerren und bei der Paarung hin und her wen-
den. Am Ende der Paarung, wenn das Weibchen aus seiner Starre erwacht, muss sich das Männchen allerdings
schleunigst zurückziehen.

Typisch

> untersetzt und
  kurzbeinig
> lange Wohn-
  röhre
> Fütterung der
  Jungspinnen

Trichterspinne
Coelotes terrestris

Merkmale Eine untersetzte, kurzbeinige Trichterspinne.
Das Weibchen wird bis 14 mm lang. Der Vorderkörper ist
dunkel gefärbt, der Hinterleib dunkel grau oder braun mit
undeutlichen helleren Winkelflecken.
Vorkommen In Laub- und Nadelwäldern, am Boden
unter Steinen und Wurzeln. Weit verbreitet und überall
sehr häufig.
Wissenswertes Eine der häufigsten Spinnen in Wäldern.
Das kleine, kaum 5 cm messende Trichternetz liegt am
Boden in Moospolstern oder zwischen Steinen oder Wurzeln und mündet in eine fingerdicke, bis 10 cm lange Röhre, die unter Steine oder tief ins Moos hineinführt. Den
Tag verbringt die Spinne am Grund der Röhre, nachts sitzt
sie am Eingang und lauert auf vorüberkommende Beute.
An günstigen Stellen kann die Besiedlungsdichte recht
hoch sein. Nach dem Schlüpfen werden die Jungspinnen
vom Weibchen betreut und mit vorverdauter Nahrung
gefüttert.

Wanderspinne
Zora spinimana

Typisch

> Vorderkörper mit zwei Streifen
> Vorderbeine bestachelt
> in feuchten Wäldern

Merkmale Eine kleine, mit den Sackspinnen verwandte, bis knapp 7 mm lange, gelbbraune Spinne. Vorderkörper mit zwei Längsstreifen, Hinterleib mit dunklen Punktreihen, die Beine sind gepunktet und zum Ende hin verdunkelt. Die vorderen Beinpaare sind bedornt.
Vorkommen In feuchten Wäldern, an Waldrändern, auf Wiesen, im Moor, überall häufig.
Wissenswertes Das in Form und Zeichnung wolfsspinnenähnliche Tier jagt frei am Boden laufend. Die stark bedornten beiden vorderen Beinpaare bilden einen Fangkorb, schützen die Spinne aber auch vor wehrhaften Beutetieren.

Plattbauchspinne
Zelotes subterraneus

Typisch

> einfarbig schwarz
> nachtaktiv
> ruckartige Fortbewegung

Merkmale Die einfarbig tiefschwarze, schlanke, bis 9 mm messende Spinne gehört zu einer artenreichen Gattung der Plattbauchspinnen, die im Feld und ohne Untersuchung der Genitalorgane kaum unterscheidbar sind.
Vorkommen In Wäldern aller Art, aber auch auf Wiesen, in Heiden und auf Ödland, überall häufig.
Wissenswertes Die nachtaktive Spinne besitzt kein Fangnetz, sondern jagt aktiv am Boden. Tagsüber hält sie sich unter Steinen auf, ohne allerdings einen Gespinstsack anzufertigen. Ihre ruckartige Fortbewegung macht sie für Feinde schwer lokalisierbar.

Zartspinne
Anyphaena accentuata

Typisch

> vier Dreiecksflecken
> in Laubwäldern
> Wohnröhre aus Blättern

Merkmale Die Färbung dieser bis etwa 9 mm langen Spinne variiert zwischen Gelblich und Dunkelbraun. Der Vorderkörper trägt zwei dunkle Längsbinden, Hinterleib und Beine sind gefleckt; unverkennbar sind die vier kurzen, dreieckigen, schwarzen Striche auf der Mitte des Hinterleibs.
Vorkommen In Laubwäldern an Bäumen, häufig.
Wissenswertes Die nachtaktive Spinne lebt auf Bäumen, Sträuchern und Gebüsch und verbringt den Tag in einer aus Blättern versponnenen, beidseitig offenen Röhre, in der das Weibchen auch die Eier ablegt. Nachts geht sie auf der Rinde auf Jagd.

Wanzenspinne
Coriarachne depressa

Merkmale Diese Spinne ist leicht an ihrem wanzenartig abgeplatteten, etwas faltigen, mit bogenförmigen weißen Linien bedeckten Hinterleib zu erkennen. Sie wird etwa 5 mm lang, der Vorderkörper ist beim Weibchen dunkelbraun, beim Männchen glänzend schwarz.
Vorkommen Vor allem in Nadelwäldern unter Rinde. Verbreitet, aber nicht überall häufig.
Wissenswertes Eine eigenartig gestaltete Krabbenspinne, die unter und auf der Rinde von Nadelbäumen auf Jagd geht. Dort ist sie mit ihrer körperauflösenden Zeichnung und dem abgeplatteten Körper hervorragend getarnt.

Krabbenspinne
Ozyptila praticola

Merkmale Eine kleine, nur bis 4 mm lange, lebhaft gezeichnete Krabbenspinne. Die Grundfarbe ist rötlich, der Vorderkörper ist seitlich dunkel, in der Mitte hell längs gestreift, der Hinterleib ist vielfach gefleckt, die Beine sind lebhaft gefleckt.
Vorkommen In Wäldern aller Art, auf Waldlichtungen, aber auch an ziemlich schattigen Stellen.
Wissenswertes Abweichend von den anderen Arten dieser Gattung nicht nur am Boden, sondern auch auf oder unter Rinde oder auf Zweigen zu finden. Wegen der stark gesprenkelten Oberseite nicht leicht zu entdecken.

Krabbenspinne
Diaea dorsata

Merkmale Vorderkörper und Beine dieser bis etwa 5 mm langen Art sind grün, der Hinterleib ist seitlich weißlich, mit einer bräunlichen, wiederum weiß gefleckten Blattzeichnung in der Mitte.
Vorkommen Vor allem in Laubwäldern, auch an Waldrändern. Überall sehr häufig.
Wissenswertes Auf Blättern von Bäumen und Sträuchern sitzend, ist diese Art wegen ihrer Färbung kaum zu entdecken. Im Winter kann man sie häufig unter der Rinde abgestorbener Bäume finden. Die Männchen führen Kommentkämpfe aus, wobei sie sich gegenübersitzen und vor und zurück stoßen.

Zwergspinne
Hypomma bituberculatum

Merkmale Vorderkörper und Beine der bis 3 mm langen Spinne sind rötlich, der Hinterleib ist schwarz. Beim Männchen trägt der Kopf zwei gewölbte Buckel mit jeweils einem Schlitz seitlich darunter.
Vorkommen Am Ufer von Gewässern, in der Bodenstreu und auf niedrigen Pflanzen. Überall häufig.
Wissenswertes Bei dieser Zwergspinne wurde die Bedeutung der seltsamen Kopfauswüchse des Männchens (rechts) geklärt: Bei der Paarung hakt sich nämlich das Weibchen mit seinen Chelicerenklauen in die Schlitze unterhalb der Auswüchse des Männchens ein, während es vom Männchen begattet wird.

Erdbeerspinne
Araneus alsine

Merkmale Wohl die schönste einheimische Radnetzspinne. Das Weibchen wird bis 15 mm lang. Der Vorderkörper ist einfarbig braun, der breite, rundliche Hinterleib leuchtend orangerot und mit zahlreichen weißen Flecken versehen.
Vorkommen Auf Feuchtwiesen, an feuchten Waldrändern. Nicht häufig. Nach der Roten Liste gefährdet.
Wissenswertes Das kleine Netz ist dicht am Boden zwischen Gräsern gespannt und besteht nur aus etwa 20 Radien. Die Spinne verbirgt sich tagsüber in einem tütenförmig zusammengerollten Blatt, das an Fäden aufgehängt ist.

Glanzspinne
Singa hamata

Merkmale Eine kleine, bis 6 mm lange Radnetzspinne mit lang ovalem Hinterleib, darauf mit zwei dunklen Längsbinden, die mehrfach durch weiße Streifen unterbrochen sind, und mit einer weißen Mittelbinde.
Vorkommen An offenen, feuchten Stellen, auf Feuchtwiesen und in Mooren und feuchten Heidegebieten. Verbreitet und nicht selten.
Wissenswertes Das kleine Radnetz wird knapp über dem Boden zwischen Grashalmen angelegt, doch die nachtaktive Spinne hält sich tagsüber in einem dicht ausgesponnenen Schlupfwinkel in der Nähe auf, wo auch die Eier abgelegt werden.

Typisch

> auffälliges Hinterleibsmuster
> tagsüber im Versteck
> an Ufern

Schilfradspinne
Larinioides cornutus

Merkmale Eine bis 13 mm lange Kreuzspinne mit graubraunem Vorderkörper und einem lang ovalen, weißlichen bis rötlichen Hinterleib, der zwei in der Mitte unterbrochene, dunkle Streifen trägt.
Vorkommen An feuchten Stellen, gern an Ufern im Schilf oder Ried. Überall im Flachland sehr häufig.
Wissenswertes Das aus meist weniger als 20 Radien bestehende Netz wird zwischen Gräsern, Schilf und in niedrigem Gebüsch angelegt. Die Spinne ist nachtaktiv und hält sich tagsüber in einem unten offenen, dicht gesponnenen Versteck auf, das mit Pflanzen oder Beuteresten getarnt ist.

Typisch

> hell gesäumtes Muster
> an Bauwerken am Ufer
> Netz über dem Wasser

Brückenkreuzspinne
Larinioides sclopetarius

Merkmale Etwa gleich groß und ähnlich geformt wie die Schilfradspinne. Der Vorderkörper ist dunkelgrau oder braun mit heller, v-förmiger Behaarung, die dunkle Zeichnung auf dem Hinterleib ist schmal hell gesäumt.
Vorkommen An Brücken und Gebäuden, die am Ufer von Fließgewässern stehen, auch an Felsen, ziemlich häufig.
Wissenswertes Das recht große Radnetz ist häufig direkt über dem Wasser ausgespannt, etwa unter Brückenbögen, bevorzugt in der Nähe von Lichtquellen, weil diese nachts Insekten anlocken. Die Spinne versteckt sich tagsüber in einer Mauerspalte.

Typisch

> winzig
> am Ufer großer Flüsse
> bewegliches Fangnetz

Zwergkreuzspinne
Theridiosoma gemmosum

Merkmale Ein winziges Tier von höchstens 2 mm Länge. Der Vorderkörper ist hellbraun mit schwarzer Zeichnung, der extrem kugelförmige Hinterleib braun mit zahlreichen silbrigen Flecken, er erscheint überwiegend hell.
Vorkommen An schattigen, dicht bewachsenen Ufern, besonders an den Flüssen Süddeutschlands. Wahrscheinlich aus Nordamerika eingeschleppt.
Wissenswertes Das kleine Radnetz wird von der Spinne mit einem Signalfaden gehalten, der bei Berührung des Netzes durch ein Beutetier losgelassen wird, sodass sich das Netz über die Beute stülpt.

> langer, schmaler Hinterleib
> an sonnigen Ufern
> Radnetz mit offener Nabe

Gemeine Streckerspinne
Tetragnatha extensa

Merkmale Mit bis 12 mm Länge eine große Streckerspinne. Vorderkörper und Beine sind rötlichbraun, der Hinterleib ist gelbgrün und glänzend und weist in der Mitte ein aus dünnen Strichen bestehendes marmoriertes Muster auf. Der Körper ist schmal und lang gestreckt, die Beine sind sehr lang und dünn. Die Cheliceren sind ebenfalls lang und vorn gespreizt.

Vorkommen An besonnten Stellen, in Ufernähe verschiedener Gewässer. Auf Gebüsch und zwischen Gräsern und Schilf. Überall häufig.

Wissenswertes Die Spinne baut ein Radnetz aus nur wenigen Sektoren und mit offener Nabe, das oft schräg oder sogar fast horizontal unmittelbar über dem Wasser ausgespannt ist. In Ruhestellung, etwa auf einem Gras- oder Schilfhalm, werden die Beine gerade nach vorn und hinten ausgestreckt, während das dritte Beinpaar zum Festhalten dient. So ist die Spinne perfekt getarnt.

> rundlicher Hinterleib
> kein Radnetz
> an Ufern

Dickkieferspinne
Pachygnatha clercki

Merkmale Mit bis fast 7 mm Länge die größte Art ihrer Gattung. Der hellbraune Vorderkörper trägt einen dunklen Mittelstreif, der Hinterleib ist dunkler und weist eine marmorierte, in der Mitte hellere Blattzeichnung auf. Der Körper ist rundlicher als bei den Streckerspinnen und die Beine sind nicht so lang. Die Cheliceren sind kürzer, aber ähnlich gespreizt.

Vorkommen An Ufern, in Auwäldern, oft in unmittelbarer Wassernähe am Boden oder in niedriger Vegetation, überall häufig.

Wissenswertes Im Gegensatz zu den Streckerspinnen haben die erwachsenen Dickkieferspinnen kein Radnetz, sondern jagen frei in niedriger Vegetation. Nur die Jungtiere benutzen noch ein kleines Radnetz. Wie bei den Streckerspinnen klemmt das Männchen die Cheliceren des Weibchens bei der Paarung ein und benutzt dazu einen kurzen Fortsatz am Grundglied der eigenen Chelicere.

Wasserspinne
Argyroneta aquatica

Typisch

> physikalische Kieme
> Wohnglocke im Wasser
> in Moorgewässern
> streng geschützt

Merkmale Bei dieser Spinne wird das Männchen mit bis 15 mm Länge deutlich größer als das Weibchen, das höchstens 9 mm lang ist. Die Spinne ist dunkelbraun oder fast schwarz, der Hinterleib ist grau behaart. Beim Weibchen ist der ganze Hinterleib, beim Männchen nur die Unterseite mit einer silbrig glänzenden Luftschicht überzogen.

Vorkommen In flachen, dicht bewachsenen Gewässern, besonders in Moortümpeln und aufgelassenen Torfstichen. Im Norden häufiger als im Süden, jedoch nach der Roten Liste stark gefährdet und gesetzlich geschützt.

Wissenswertes Als reines Wassertier ist die Wasserspinne auf einen Luftvorrat angewiesen, den sie an ihrem dichten Haarpelz am Hinterleib speichert. Um frische, sauerstoffreiche Luft zu tanken, lässt sie sich bauchoben an die Wasseroberfläche treiben und füllt diese „physikalische Kieme" mit frischer Luft. Eine Besonderheit dieser Art stellt auch die luftgefüllte Taucherglocke unter Wasser dar, die der Spinne als Wohnraum dient. Dafür webt sie zunächst eine dichte Fadendecke, lässt diese dann zur Wasseroberfläche treiben, an der sie durch Strecken der Hinterbeine Luft einfängt. Diese Luftblase gibt sie unter der Fadendecke ab und nach mehrmaliger Wiederholung dieses Vorgangs zieht sie die gefüllte Glocke dann wieder unter Wasser und verstärkt sie mit weiteren Gespinstlagen. Natürlich muss der Luftvorrat in der Glocke immer wieder erneuert werden. Da warmes Wasser weniger Sauerstoff enthält, bevorzugt die Wasserspinne kaltes, sauerstoffreiches Wasser. Die Spinne jagt auch unter Wasser, wobei ihr die von der Glocke ausgehenden Signalfäden eine Beute anzeigen.

Piratenspinne
Pirata piraticus

Typisch

> Vorderkörper mit gegabeltem Streif
> an Ufern
> flüchtet aufs Wasser

Merkmale Eine mittelgroße, bis 9 mm große Wolfsspinne, gut erkennbar an dem deutlich gegabelten hellen Streifen auf dem Vorderkörper. Der Hinterleib trägt vorn einen hell umrandeten v-förmigen Fleck, dahinter zwei weiße Punktreihen.

Vorkommen An Gewässerufern, bevorzugt an offenen, nicht zu stark beschatteten Stellen. Überall häufig.

Wissenswertes Die Spinne lebt nur in unmittelbarer Ufernähe und flüchtet bei Gefahr gern aufs Wasser, auf dessen Oberflächenhäutchen sie sich geschwind fortbewegen kann und wo sie auch ins Wasser gefallene Insekten fängt.

Wolfsspinne
Pirata latitans

Typisch

> kleine Art
> sehr dunkle Färbung
> jagt auf dem Wasser

Merkmale Eine der kleinsten einheimischen Wolfsspinnen, denn sie wird höchstens 5 mm lang. Sie ist sehr dunkel gefärbt und oft sind von der Zeichnung nur die hellen Punkte auf dem Hinterleib zu erkennen.

Vorkommen An offenen Gewässerufern, aber auch auf feuchten Wiesen. Häufig und oft mit der vorhergehenden Art zusammen vorkommend.

Wissenswertes Auch diese kleine Spinne kommt bevorzugt an Ufern vor, wagt sich weit auf die Wasserfläche hinaus und fängt manchmal Beutetiere, etwa Insektenlarven oder schlüpfende Insekten, sogar direkt aus dem Wasser.

Wolfsspinne
Pardosa wagleri

Typisch

> Männchen schwarz
> Weibchen hell, gesprenkelt
> auf Schotterbänken

Merkmale Mit bis 8 mm Länge der Weibchen eine mittelgroße Wolfsspinne. Das Männchen ist fast einheitlich schwarz, mit hellbraunen Beinen, das Weibchen ist hellgrau oder gelblich, oberseits etwas marmoriert und besitzt deutlich gefleckte oder geringelte Beine.

Vorkommen Auf Schotterbänken der von den Alpen kommenden Flüsse, im Gebirge bis etwa 1500 m aufsteigend. Nach der Roten Liste gefährdet.

Wissenswertes Eine Spezialistin der vegetationsarmen Schotterbänke, auf denen zumindest die Weibchen mit ihrer gesprenkelten Färbung hervorragend getarnt sind.

> Sexualdi-
  morphismus
> auf Sumpf-
  wiesen
> balzende Männ-
  chen trommeln

Wolfsspinne
Hygrolycosa rubrofasciata

Merkmale Eine bis 6 mm lange Wolfsspinne mit ausge-
prägtem Sexualdimorphismus. Beim Männchen ist der
Vorderkörper fast schwarz, der braune Hinterleib trägt
mehrere in Flecken aufgelöste helle Querstreifen und die
Beine sind in der basalen Hälfte schwarz, am Ende rotbraun. Beim Weibchen trägt der Vorderkörper zwei dunkle Längsstreifen, der Hinterleib ist aber viel heller als beim
Männchen; der basale Teil der Beine ist gesprenkelt, der
Endteil rotbraun.
Vorkommen In feuchten Wäldern und auf Sumpfwiesen,
auch an Kleingewässern. Im Norden häufiger als im
Süden. Nach der Roten Liste gefährdet.
Wissenswertes Diese Spinne lebt im feuchten Moos,
auch am Rand kleiner Gewässer. Die Balz der Männchen
ist interessant, weil sie dabei ein trommelndes Geräusch
verursachen, indem sie mit dem Hinterleib auf einen
Resonanzkörper schlagen, etwa ein trockenes Blatt.

> sehr große
  Spinne
> auf Schotter-
  bänken
> in tiefen
  Wohnröhren

Wolfsspinne
Arctosa cinerea

Merkmale Eine der größten deutschen Wolfsspinnen,
denn das Weibchen wird bis 17 mm lang. Die Färbung ist
hellgrau mit verwaschener Zeichnung, die Beine sind
auffallend geringelt.
Vorkommen Auf Sand- und Kiesbänken der Fluss- und
Seeufer. Heute nur noch auf Schotterbänken der Alpen-
flüsse und vielleicht noch an einigen Stellen in Nordost-
deutschland. Nach der Roten Liste vom Aussterben
bedroht, geschützt.
Wissenswertes Heute gibt es diese früher weiter verbreitete Spinne fast nur noch an ungestörten Alpenflüssen,
wo sie solche Schotterbänke besiedelt, die gerade noch
so oft überflutet werden, dass sich kein Pflanzenwuchs
halten kann. Dort bewohnt sie bis 20 cm tiefe Röhren, in
denen sie Überflutungen mit Hilfe eines Luftvorrats über-
dauern kann. Bei der Jagd lauert die Spinne meist am
Eingang ihrer Röhre und fängt auch recht große und
wehrhafte Beutetiere.

Gerandete Jagdspinne
Dolomedes fimbriatus

Typisch

> große, schnelle Spinne
> heller Randstreif
> an und auf dem Wasser

Merkmale Eine der größten deutschen Spinnen, denn das Weibchen kann über 2 cm lang werden. Sie ist leicht erkennbar an dem auffälligen weißen Randstreifen an Vorder- und Hinterkörper.

Vorkommen Am Ufer stehender oder langsam fließender Gewässer, auch in Mooren und Bruchwäldern. Verbreitet, aber heute selten. Nach der Roten Liste gefährdet, geschützt.

Wissenswertes Die Spinne lebt unmittelbar an Gewässerrändern, läuft aber auch geschickt auf der Wasseroberfläche, ohne einzusinken, und fängt von dort aus oder tauchend Insekten und Kaulquappen, aber auch größere Tiere wie kleine Frösche und Fische bis zu Stichlingsgröße, die sie mit den Beinen greift und durch raschen Giftbiss tötet. Sehr große Beutetiere werden aber nur vom Weibchen kurz vor der Eiablage überwältigt. Der bis 1 cm messende Eikokon wird vom Weibchen an den Cheliceren transportiert.

Jagdspinne
Dolomedes plantarius

Typisch

> Randstreif undeutlich
> im Alpenvorland
> taucht bis zu einer Stunde

Merkmale Diese Art kann sogar noch größer werden, die Weibchen erreichen 25 mm Länge. Die Körperform ist gleich, doch sind die hellen Seitenstreifen meist recht undeutlich.

Vorkommen Am Ufer stehender oder langsam fließender Gewässer, aber bisher nur von sehr wenigen Stellen im Alpenvorland sicher gemeldet. Nach der Roten Liste vom Aussterben bedroht und daher geschützt.

Wissenswertes Die scheue Spinne ist noch mehr ans Wasser gebunden als ihre Verwandte. Sie hält sich oft auf dem Wasser, auf Schwimmblättern oder an Schilfhalmen auf und flieht bei Störung ins Wasser, wo sie sich an Halmen festklammert. Dabei nimmt sie einen Luftvorrat mit, der es ihr ermöglicht, bis zu einer Stunde untergetaucht zu bleiben. Sie ist dabei durch den silbrigen Luftüberzug bestens getarnt. Möglicherweise entgeht sie so der Aufmerksamkeit und gilt als seltener, als sie wirklich ist.

Sackspinne
Clubiona stagnatilis

Merkmale Eine bis 9 mm lange Sackspinne. Der Vorderkörper ist hellbraun mit kontrastierend schwarzen Cheliceren, der Hinterleib ist graubraun behaart und ohne deutliche Zeichnung.

Vorkommen Auf Sumpfwiesen und im Schilfgürtel von Gewässern. Lokal nicht selten, aber nach der Roten Liste gefährdet.

Wissenswertes Das Versteck dieser nachtaktiven Spinne ist einzigartig. Bei seiner Konstruktion knickt sie ein Schilfblatt zweimal um und kleidet den Innenraum dicht mit Gespinstfäden aus. Darin befinden sich auch der Kokon und die Jungspinnen nach dem Schlüpfen.

Hain-Dornfinger
Cheiracanthium erraticum

Merkmale Ein bis etwa 9 mm langer Dornfinger. Vorderkörper und Beine sind bräunlich oder grünlich, der Hinterleib trägt einen gelb gesäumten roten Mittelstreif.

Vorkommen Auf feuchten Wiesen und Heiden, auch im Schilf und im Gebüsch. Verbreitet und ziemlich häufig.

Wissenswertes Die kleinere Verwandte des Dornfingers spinnt in ähnlicher Weise Blätter oder Halme zusammen und errichtet darin ihr Wohngespinst. Bei der Paarung klopft das Männchen mit den Tastern an das Wohngespinst, um das Weibchen paarungsbereit zu machen. Der Biss der Spinne ist harmlos.

Springspinne
Marpissa radiata

Merkmale Eine große, bis 10 mm lange Springspinne mit lang gestrecktem, oberseits zweistreifigem Hinterleib. Die Männchen sind etwas dunkler als die Weibchen. Kopf mit hellem Querstreif unter den Augen. Die Beine sind nicht geringelt.

Vorkommen An Ufern von Gewässern, gern im Schilfgürtel. Im Nordosten häufiger als im Süden. Nach der Roten Liste gefährdet.

Wissenswertes Das auffällige Wohngespinst wird in zusammengezogenen und versponnenen, vorjährigen Schilfrispen angelegt. Dort befindet sich auch der Eikokon. Die Spinne jagt auf Schilfhalmen.

Interview mit dem Autor

Wie sind Sie überhaupt zu den Spinnen gekommen?
Auf meiner ersten Reise nach Australien habe ich auch sehr viele Spinnen gesammelt und später versucht, sie wenigstens auf Familien zu bestimmen. So erhielt ich einen ersten Eindruck von ihrer Vielgestaltigkeit. Später habe ich mit meiner Frau zusammen eine sehr eigenartige Spinnenfamilie bearbeitet und zahlreiche neue Arten beschrieben. Was die deutschen Spinnen angeht, habe ich mehrere faunistische Untersuchungen begleitet und mir dabei auch eine gewisse Artenkenntnis angeeignet. Das führte dazu, dass ich als Leiter der Käferabteilung in der Zoologischen Staatssammlung München auch die Anfragen aus der Bevölkerung, Spinnen betreffend, beantwortet habe. Besonders interessiert bin ich aber an der Lebensweise der einheimischen Spinnen.

Was fasziniert Sie denn besonders an Spinnen?
Einmal die ungeheure Verschiedenheit in Körperform, Färbung und Zeichnung. Vor allem aber die äußerst unterschiedlichen Lebensweisen: Fortbewegung, Beutefang und Fortpflanzung. Die Spinnen scheinen mir eine der Tiergruppen, wenn nicht gar die Tiergruppe zu sein, die die größte Mannigfaltigkeit in Verhalten und Lebensweise aufweist. Welche andere Tiergruppe besitzt denn derart ausgeklügelte Methoden des Beutefangs? Außerdem interessieren mich die Gründe für die so verbreitete Abneigung, ja Angst, bzw. für den Ekel vor diesen Tieren.

Haben Sie eine Lieblingsspinne?
Ja, die Zebraspringspinne. Es macht viel Spaß, im Sonnenschein auf der Veranda diese lebhaft gefärbte Spinne zu beobachten, wie sie alles fixiert, was sich um sie herum bewegt. Sie erinnert mich dabei sehr an eine Katze. Wer seine Spinnenfurcht bekämpfen will, sollte es wagen, diese niedliche Spinne auf den Arm krabbeln zu lassen und ihr tief in die großen Mittelaugen zu schauen.

Haben Sie schon spannende Exkursionen unternommen?
Die meisten meiner zahlreichen außereuropäischen Sammel- und Forschungsreisen habe ich in fast alle Teile Australiens gemacht. Einige haben mich in sehr abgelegene Gegenden geführt, die selbst mit dem Allradfahrzeug nicht leicht erreichbar sind. Abgesehen von sehr interessanten Sammelergebnissen habe ich dabei immer wieder mehr oder weniger angenehme, aber im Nachhinein erzählenswerte Erlebnisse: Man bleibt mit dem Auto im Sand oder Schlamm stecken, was in weitläufig unbewohnten Gegenden unangenehm ist; man stolpert in dichtem Gebüsch über Krokodile oder Giftschlangen; man bleibt sprichwörtlich in der Vegetation stecken; man kämpft mit Landblutegeln oder dem mörderisch heißen und feuchten Klima in Nordaustralien; aber man sieht auch wunderbare Landschaften, erlebt nachts einen strahlenden, kaum vorstellbar sternenreichen Südhimmel, beobachtet seltsame Pflanzen und Tiere, lernt sehr interessante und nette Menschen kennen und erfährt andererseits das Erlebnis absoluter Einsamkeit und Stille.

Spinnenführer

Ein klassischer Naturführer in bewährter Kosmos-Qualität von Heiko Bellmann, dem Spinnenexperten. Allein in Europa gibt es eine unglaubliche Vielfalt an Spinnen. Im „Kosmos-Spinnenführer" werden über 400 Arten anschaulich beschrieben und ist zudem jede Art mit mehreren Fotos bebildert. So bestimmen Sie schnell und sicher.

448 Seiten
Breitklappenbroschur
1. Auflage 2010
ISBN: 978-3-440-10114-8

Schmetterlingsführer

Pure Vielfalt: Dieser Fotoführer vereint erstmals Falter, Raupen und Futterpflanzen in einem Band. Über 1100 naturgetreue Farbfotos der Farbformen, Ober- und Unterseiten der Flügel, Männchen und Weibchen, sowie der Eier und Puppen garantieren eine schnelle Zuordnung und sichere Bestimmung.
Neben den häufigsten mitteleuropäischen Arten werden auch auffällige seltene und markante südeuropäische Falter berücksichtigt.

448 Seiten
Klappenbroschur (2 Klappen)
2. Auflage 2009
ISBN: 978-3-440-11965-5

Insektenführer

Keine Tiergruppe ist so artenreich wie die Insekten. Dieser Kosmos-Naturführer gibt mit fast 1.000 Arten einen umfassenden Überblick über die Fülle unserer Insektenwelt. Ob Käfer, Hautflügler oder Schmetterlinge - alle Insektengruppen sind mit dem Kosmos-Farbcode schnell aufzusuchen. Als Extra werden auch die häufigsten Spinnentiere vorgestellt.

448 Seiten
Klappenbroschur (2 Klappen)
2. Auflage 2009
ISBN: 978-3-440-11924-2

Register

Umschlaggestaltung von eStudio Calamar unter Verwendung eines Fotos
von Heiko Bellmann.
Es zeigt eine Springspinne. Die Bilder auf der hinteren Umschlagseite
zeigen von links nach rechts: Sechsaugenspinne, Gartenkreuzspinne, Grüne
Huschspinne, alle von Heiko Bellmann.

Mit 208 Farbfotos von E. Derschmidt (31 M), Sauer/Hecker (55 M), W. P.
Pfliegler (69 u, 87 o). Alle übrigen von Heiko Bellmann. 24 Farbfotos auf
den vorderen und hinteren Buchseiten von Heiko Bellmann und anderen
(siehe Bildlegenden)

Zeichnungen auf der vorderen Außenklappenseite von Wolfgang Lang,
auf der hinteren Außenklappenseite von Christian Rost/Kosmos, Stuttgart

Das Bild auf den S. 2/3 zeigt eine Wespenspinne, das Bild auf S. 4 eine
Heideradspinne und das Bild auf den S. 26/27 eine Feenlämpchenspinne.

Unser gesamtes lieferbares Programm und viele weitere Informationen
zu unseren Büchern, Spielen, Experimentierkästen, DVDs, Autoren und
Aktivitäten finden Sie unter **kosmos.de**

Gedruckt auf chlorfrei gebleichtem Papier

© 2013, Franckh-Kosmos-Verlags-GmbH & Co. KG, Stuttgart
Alle Rechte vorbehalten
ISBN 978-3-440-13517-4
Projektleitung: Monika Weymann
Lektorat: Rainer Gerstle
Grundlayout: eStudio Calamar
Gestaltung und Satz: Populärgrafik Stuttgart
Produktion: Markus Schärtlein
Printed in Italy / Imprimé en Italie

KOSMOS.
Pure Vielfalt.

Heiko Bellmann | Der Kosmos Spinnenführer
432 S., über 1.200 Abb., €/D 26,90

Das umfassende Standardwerk

Spinnen sind Jäger: Aufwändig konstruierte
Fangnetze, perfekt getarntes Auflauern oder
gezieltes Anpirschen. Und aufopferungsvoll
betreuen sie ihre Nachkommen bis zur Hingabe
des eigenen Körpers für die Jungspinnen.
Dieser Ratgeber zeigt die faszinierende Welt der
Spinnen. Erleben Sie, wie schön und vielseitig
sie wirklich sind.

kosmos.de/natur

Gliederspinne
Lipisthius desultor
Eine den Vogelspinnen ähnliche, lebhaft schwarz-rot gefärbte, etwa 4 cm lange Spinne aus Südasien, wo sie im Regenwald am Boden als Ansitzjägerin in einer Röhre mit Deckel lebt. Sie ist die urtümlichste lebende Spinne, weil noch Reste der Körpergliederung erhalten sind, wie wir sie von den Skorpionen kennen.
Aufnahme R. C. West

Mexikanische Vogelspinne
Brachypelma smithi
Eine der bekanntesten und schönsten Vogelspinnen, erkennbar an ihrem leuchtend rot gefärbten Beinglied. Sie gilt als ein sehr friedliches Tier, das von Spinnenliebhabern gern gehalten wird und das man ohne Gefahr in die Hand nehmen kann. Wie bei allen Vogelspinnen können zumindest die Weibchen bis über 10 Jahre alt werden.

Riesenvogelspinne
Theraphosa leblondi
Mit über 20 cm Spannweite der Beine eine der größten Spinnen überhaupt. Ein Bodentier, das aber mit Hilfe seiner Haftpolster an den Füßen auch sehr gut klettern kann. Trotz ihrer Größe sind Vogelspinnen im allgemeinen harmlos. Die feinen Rückenhaare, die sie bei Gefahr mit den Beinen abbürsten, können aber allergische Reaktionen auslösen. *Aufnahme H. Höfer*

Großaugenspinne
Deinopis subrufa
Die stabförmige, nachtaktive Spinne bewohnt lichte Wälder und Savannen Ostaustraliens. Sie besitzt riesige vordere Mittelaugen von enormer Lichtempfindlichkeit und sehr lange Beine. Gut getarnt sitzt sie auf Zweigen und spannt mit den Vorderbeinen ein Netz aus Kräuselfäden aus, mit dem sie vorüber fliegende Insekten fischt.
Aufnahme A. Henderson